高职高专规划教材

机械制造工艺与装备习题集和课程设计指导书

第三版

倪森寿　主　编
罗永新　副主编
李力夫　主　审

化学工业出版社
·北京·

本书是与倪森寿主编的"十二五"职业教育国家规划教材《机械制造工艺与装备》第三版课程教材配套的实践性教材。本教材的习题在形式和内容上体现综合性和应用性的特征。

本书分两部分：第一部分为习题集；第二部分为课程设计指导书。

习题集中，每一章的习题形式有：填空题，判断题，选择题，名词解释，简答题，计算分析题，综合应用题。习题涉及范围广，题量足，形式多样。既可用于学生在学习过程中自学和自测，又可为教师在试卷命题时作参考。具有试题库的初步形式。

课程设计指导书中，以培养学生较强的岗位能力为宗旨，较详细地叙述机械加工工艺规程的制定和机床夹具设计的步骤和方法，及其他常用工艺装备的选用，还附有一定数量的附表和零件图样以供课程设计选用。

本书适合高职高专数控专业、机械制造专业、机电类专业及近机类专业的学生使用。

图书在版编目（CIP）数据

机械制造工艺与装备习题集和课程设计指导书/倪森寿主编. —3 版. —北京：化学工业出版社，2014.7（2023.2重印）
高职高专规划教材
ISBN 978-7-122-20622-0

Ⅰ.①机… Ⅱ.①倪… Ⅲ.①机械制造工艺-高等职业教育-教学参考资料　Ⅳ.①TH16

中国版本图书馆 CIP 数据核字（2014）第 093715 号

责任编辑：高　钰	文字编辑：项　潋
责任校对：宋　夏	装帧设计：史利平

出版发行：化学工业出版社（北京市东城区青年湖南街13号　邮政编码 100011）
印　　装：北京捷迅佳彩印刷有限公司
787mm×1092mm　1/16　印张 9½　字数 250 千字　2023 年 2 月北京第 3 版第 7 次印刷

购书咨询：010-64518888　　　　　　　　　　　售后服务：010-64518899
网　　址：http://www.cip.com.cn

凡购买本书，如有缺损质量问题，本社销售中心负责调换。

定　　价：28.00元　　　　　　　　　　　　　　　　　　　版权所有　违者必究

前　言

本教材是与《机械制造工艺与装备》❶（书号：ISBN 978-7-122-20465-3）配套的实践性教材。《机械制造工艺与装备》教材是多门课程的综合性课程教材，所以与其配套的习题在形式和内容上也体现了综合和应用性的特征。

本书分两部分：第一部分为习题集；第二部分为课程设计指导书。

习题集中，每一章的习题形式有：填空题、判断题、选择题、名词解释、简答题、计算分析题、综合应用题。涉题范围广，题量足，形式多样。既可用于学生在学习过程中的自学和自测，又可为教师在试卷命题时作参考。具有试题库存的初步形式。

课程设计指导书中，以培养学生较强的岗位能力为宗旨，较详细地叙述机械加工工艺规程的制定和机床夹具设计的步骤和方法，以及其他常用工艺装备的选用，还附有一定数量的附表和零件图样以供课程设计选用。

本教材适合数控专业、机械制造专业、机电类专业及近机类专业的学生使用。

本教材第一部分第二章、第九章由无锡职业技术学院倪森寿编写；第一部分第一章、第七章由吴伯明编写；第一部分第三章、第八章由宁广庆编写；第一部分第五章、第二部分第二章由罗永新编写；第一部分第四章、第六章由吴慧媛编写；第二部分第一章由曹晓艳编写；第二部分附录由倪森寿和罗永新共同摘录。全书由倪森寿任主编，罗永新任副主编，由李力夫任主审。

本教材编写过程中得到各级领导和兄弟院校的帮助和支持，谨表谢意。

由于本教材编写是教学改革的一次探索，更限于编者水平，书中的缺点和疏漏恳请读者批评指正。

编者
2015 年 3 月

---

❶ 倪森寿主编. 机械制造工艺与装备. 第三版. 北京：化学工业出版社，2015.

第二版前言

本教材是与普通高等教育"十一五"国家级规划教材《机械制造工艺与装备》[1] 配套的实践性教材。《机械制造工艺与装备》教材是多门课程的综合性课程教材，所以与其配套的习题在形式和内容上也体现了综合性和应用性的特征。

本书分两部分：第一部分为习题集；第二部分为课程设计指导书。

习题集中，每一章的习题形式有：填空题，判断题，选择题，名词解释，简答题，计算分析题，综合应用题。习题涉及范围广，题量足，形式多样。既可用于学生在学习过程中自学和自测，又可为教师在试卷命题时作参考。具有试题库的初步形式。

课程设计指导书中，以培养学生较强的岗位能力为宗旨，较详细地叙述机械加工工艺规程的制定和机床夹具设计的步骤和方法，及其他常用工艺装备的选用，还附有一定数量的附表和零件图样以供课程设计选用。

本教材适合高职高专数控专业、机械制造专业、机电类专业及近机类专业的学生使用。

本教材第一部分第二章、第九章由倪森寿编写；第一部分第一章、第七章由徐小东编写；第一部分第三章、第八章由宁广庆编写；第一部分第五章由李力夫编写；第一部分第四章、第六章由吴慧媛编写；第二部分第一章由徐小东编写；第二部分第二章由李志伟编写；第二部分附录由倪森寿和徐小东共同摘录。全书由倪森寿任主编，徐小东、宁广庆任副主编，由吴丙中任主审。

本教材编写过程中得到各级领导和兄弟院校的帮助和支持，谨表谢意。

由于本教材编写是教学改革的一次探索，更限于编者水平，书中的缺点和疏漏恳请读者批评指正。

编者

2008 年 10 月

---

[1] 倪森寿主编. 机械制造工艺与装备. 第 2 版. 北京：化学工业出版社，2009.

第一版前言

本教材是与倪森寿主编的《机械制造工艺与装备》教材配套的实践性教材。《机械制造工艺与装备》教材是多门课程的综合性课程教材，所以与其配套的习题在形式和内容上也体现了综合性和应用性的特征。

本教材分为两部分，第一部分为习题集，第二部分为课程设计指导书。

习题集部分的习题形式有填空题、判断题、选择题、名词解释、简答题、计算分析题、综合应用题。习题涉及范围广、题量足、形式多样，既可作为学生在学习过程中的自学和自测，又可作为教师在试卷命题时的参考，具有试题库的初步形式。

课程设计指导书部分以培养学生较强的岗位能力为宗旨，较详细地叙述机械加工工艺规程的制定和机床夹具设计的步骤和方法，及其他常用工艺装备的选用，并附有一定数量的附表和零件图样以供课程设计选用。

本教材适合数控专业、机械制造专业、机电类专业及近机类专业的学生使用。

本教材第一部分第一章、第三章、第九章、第十章、第十一章、第二部分第二章由倪森寿编写，第一部分第四章、第五章由宁广庆编写，第一部分第七章由李力夫编写，第一部分第二章、第六章由李立尧编写，第一部分第八章由唐东编写，第二部分第一章由李志伟编写，第二部分附录由倪森寿和李志伟共同摘录。由倪森寿任主编，宁广庆任副主编，吴丙中任主审。

本教材编写过程中得到各级领导和兄弟院校的帮助和支持，谨表谢意。

由于本教材的编写是教学改革的一次探索，更限于编者的水平，书中的缺点和错误恳请读者批评指正。

编者
2003 年 4 月

目 录

第一部分 习题集 ... 1

- 第一章 金属切削加工基本知识 ... 1
- 第二章 机械加工工艺基本知识 ... 5
- 第三章 机械加工质量分析 ... 20
- 第四章 轴类零件加工工艺及常用工艺装备 ... 23
- 第五章 套筒类零件加工工艺及常用工艺装备 ... 27
- 第六章 箱体类零件加工工艺及常用工艺装备 ... 32
- 第七章 圆柱齿轮加工工艺及常用工艺装备 ... 38
- 第八章 现代加工工艺及工艺装备 ... 43
- 第九章 机械装配工艺基础 ... 45

第二部分 课程设计指导书 ... 49

- 第一章 机械加工工艺规程的编制 ... 49
  - 第一节 计算生产纲领、确定生产类型 ... 49
  - 第二节 零件的分析 ... 49
    - 一、零件的结构分析 ... 49
    - 二、零件的技术要求分析 ... 49
    - 三、确定毛坯、画毛坯-零件综合图 ... 50
  - 第三节 工艺规程设计 ... 50
    - 一、定位基准的选择 ... 50
    - 二、制定工艺路线 ... 51
    - 三、选择加工设备及工艺装备 ... 51
    - 四、加工工序设计、工序尺寸计算 ... 51
    - 五、选择切削用量、确定时间定额 ... 52
    - 六、填写工艺文件 ... 52
    - 七、设计说明书的编写 ... 53
  - 第四节 机械加工工艺规程设计实例 ... 54
    - 一、犁刀变速齿轮箱体 ... 54
    - 二、某产品中齿轮零件 ... 83
- 第二章 机床夹具设计步骤和实例 ... 95
  - 第一节 机床夹具设计的基本要求和一般设计步骤 ... 95
    - 一、机床夹具设计的基本要求 ... 95
    - 二、机床夹具设计的一般步骤 ... 95
    - 三、夹具总图设计 ... 102
    - 四、夹具精度校核 ... 106
    - 五、绘制夹具零件图样 ... 113
    - 六、编写说明书 ... 113
  - 第二节 机床夹具设计实例 ... 113
    - 一、钻夹具的设计实例 ... 113
    - 二、铣夹具的设计实例 ... 118

附录 ... 123

- 附录一 机械制造部分工艺参数 ... 123
  - 附表 1-1 模锻件内、外表面加工余量 ... 123
  - 附表 1-2 模锻件的长度、宽度、高度偏差及错差、残留飞边量（普通级）... 123
  - 附表 1-3 模锻件的厚度偏差及顶料杆压痕偏差（普通级）... 124
  - 附表 1-4 锤上锻件外拔模角 α 的数值 ... 124
  - 附表 1-5 常用夹具元件的公差配合 ... 124
  - 附表 1-6 麻花钻的直径公差 ... 125
  - 附表 1-7 扩孔钻的直径公差 ... 125
  - 附表 1-8 铰刀的直径公差 ... 125
  - 附表 1-9 座耳主要尺寸 ... 126
  - 附表 1-10 T形槽主要尺寸 ... 126
  - 附表 1-11 铣床工作台及T形槽尺寸 ... 127
  - 附表 1-12 车床过渡盘结构和尺寸之一 ... 127
  - 附表 1-13 车床过渡盘结构和尺寸之二 ... 128
  - 附表 1-14 车床过渡盘结构和尺寸之三 ... 128
  - 附表 1-15 车床主轴端部结构和尺寸 ... 129
- 附录二 课程设计参考图例 ... 131
  - 附图 2-1 气门摇臂轴支座 ... 131

附图 2-2 法兰盘 …………………… 132	附图 2-7 左支座 …………………… 137
附图 2-3 滤油器体 ………………… 133	附图 2-8 支承套 …………………… 138
附图 2-4 拨叉 ……………………… 134	附图 2-9 推动架 …………………… 139
附图 2-5 后托架 …………………… 135	附图 2-10 连杆合件之一——连杆体 … 139
附图 2-6 角形轴承箱 ……………… 136	附图 2-11 连杆合件之二——连杆盖 … 140

参考文献 …………………………………………………………………………………… 141

第一部分 习 题 集

第一章 金属切削加工基本知识

一、填空题

1. 在切削加工中_____运动称为切削运动,按其功用可分为_____和_____。其中_____运动消耗功率最大。
2. 切削用量三要素是指_____、_____和_____。
3. 刀具静止角度参考系的假定条件是_____和_____。
4. 常用的切削刃剖切平面有_____、_____、_____和_____,它们可分别与基面和切削平面组成相应的参考系。
5. 在正交平面内度量的前刀面与基面之间的夹角称为_____,后刀面与切削平面之间的夹角称为_____。
6. 在正交平面参考系中,能确定切削平面位置的角度是_____,应标注在_____面内。
7. 正交平面与法平面重合的条件是_____。
8. 基准平面确定后,前刀面由_____和_____两个角确定;后刀面由_____和_____两个角确定;前、后刀面确定了一条切削刃,所以一条切削刃由_____、_____、_____、_____四个角度确定。
9. 用以确定刀具几何角度的两类参考坐标系为_____和_____。
10. 切削层公称横截面参数有_____、_____、_____。
11. 金属切削过程中常见的物理现象有_____、_____、_____、_____等。
12. 根据切屑形成过程中变形程度的不同,可把切屑的基本形态分为四种类型,分别是_____、_____、_____和_____。
13. 第Ⅱ变形区一般由_____和_____组成。
14. 切削力的来源主要是_____和_____两方面。
15. 刀具主偏角增加,背向力 F_p _____,进给力 F_f _____。
16. 刀具正常磨损的主要形式有_____、_____和_____。
17. 切削液的作用是_____、_____、_____和_____。常用种类有_____、_____和_____。
18. 刀具的几何参数包括_____、_____、_____和_____四个方面。
19. 切削用量选择的顺序是:先选_____,再选_____,最后选_____。
20. 粗加工时,限制进给量的主要因素是_____、_____;精加工时,限制进给量的主要因素是_____。

二、判断题（正确的打√，错误的打×）

1. 在切削加工中，进给运动只能有一个。（ ）
2. 背平面是指通过切削刃上选定点，平行于假定进给运动方向，并垂直于基面的平面。（ ）
3. 其他参数不变，主偏角减少，切削层厚度增加。（ ）
4. 其他参数不变，背吃刀量增加，切削层宽度增加。（ ）
5. 主切削刃与进给运动方向间的夹角为主偏角 κ_r。（ ）
6. 车削外圆时，若刀尖高于工件中心，则实际工作前角增大。（ ）
7. 对于切断刀的切削工作而言，若考虑进给运动的影响，其工作前角减小，工作后角增大。（ ）
8. 当主偏角为 90°时，正交平面与假定工作平面重合。（ ）
9. 积屑瘤在加工中没有好处，应设法避免。（ ）
10. 刀具前角增加，切削变形也增加。（ ）
11. 影响刀具耐用度的主要因素是切削温度。（ ）
12. 切削厚度薄，则刀具后角应取大值。（ ）
13. 切削用量三要素中，对刀具耐用度影响最小的是背吃刀量。（ ）
14. 刀具耐用度是指一把新刃磨的刀具，从开始切削至报废为止所经过的总切削时间。（ ）
15. 车削外圆时，在负刃倾角的影响下，致使切屑流向待加工表面。（ ）
16. 切削铸铁类等脆性材料时，应选择 YG 类硬质合金。（ ）
17. 粗加工时，应选择含钴量较低的硬质合金。（ ）
18. 当刀具主偏角一定时，若增大进给量，则切削变形通常是增大的。（ ）

三、名词解释

1. 基面
2. 切削平面
3. 正交平面
4. 法平面
5. 自由切削
6. 直角切削
7. 积屑瘤
8. 加工硬化
9. 工件材料的切削加工性
10. 刀具耐用度

四、选择题

1. 纵车外圆时，不消耗功率但影响工件精度的切削分力是（ ）。
   A. 进给力 B. 背向力
   C. 主切削力 D. 总切削力
2. 切削用量对切削温度的影响程度由大到小排列是（ ）。
   A. $v_c \rightarrow a_p \rightarrow f$ B. $v_c \rightarrow f \rightarrow a_p$

C. $f \to a_p \to v_c$ D. $a_p \to f \to v_c$

3. 试按下列条件选择刀具材料或牌号：

(1) 45 钢锻件粗车；（　　）

(2) 200 铸件精车；（　　）

(3) 低速精车合金钢蜗杆；（　　）

(4) 高速精车调质钢长轴；（　　）

(5) 中速车削淬硬钢轴；（　　）

(6) 加工冷硬铸铁。（　　）

A. YG3X   B. W18Cr4V   C. YT5

D. YN10   E. YG8   F. YG6X

G. YT30

4. 刃倾角的功用之一是控制切屑流向，若刃倾角为负，则切屑流向为（　　）。

A. 流向已加工表面   B. 流向待加工表面   C. 沿切削刃的法线方向流出

5. 粗加工时，前角应取（　　）的值；精加工时，前角应取（　　）的值；加工材料塑性愈大，前角应取（　　）的值；加工脆性材料时前角应取（　　）的值；材料强度、硬度愈高，前角应取（　　）的值。

A. 相对较大   B. 相对较小   C. 无所谓

五、问答题

1. 试述正交平面、法平面、假定工作平面和背平面的定义，并分析它们的异同点及用途。

2. 为什么基面、切削平面必须定义在主切削刃上的选定点处？

3. 试述刀具的标注角度与工作角度的区别。为什么横向切削时，进给量 f 不能过大？

4. 试分析如图 1-1-1 所示钻孔时的切削层公称厚度、公称宽度及其进给量、背吃刀量的关系。

5. 什么是直角切削和斜角切削？各有何特点？

6. 什么是积屑瘤？积屑瘤在切削加工中有何利弊？如何控制积屑瘤的形成？

7. 车削细长轴时应如何合理选择刀具几何角度（包括 κ_r、λ_s、γ_o、α_o）？并简述理由。

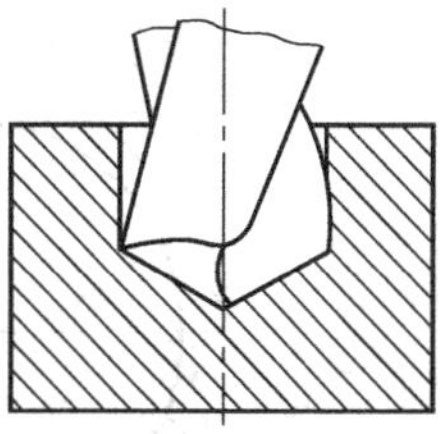

图 1-1-1

8. 试说明背吃刀量 a_p 和进给量 f 对切削温度的影响，并将 a_p 和 f 对切削力的影响作比较，两者有何不同？

9. 增大刀具前角可以使切削温度降低的原因是什么？是不是前角越大切削温度越低？

10. 刀具磨损有几种形式？各在什么条件下产生？

11. 什么是最高生产率耐用度和最低成本耐用度？粗加工和精加工所选用的耐用度是否相同？为什么？

12. 什么是工件材料切削加工性？改善工件材料切削加工性的措施有哪些？

13. 刀具切削部分材料必须具备哪些性能？为什么？

14. 切削液的主要作用是什么？切削加工中常用的切削液有哪几类？如何选用？

15. 前角和后角的功用分别是什么？选择前、后角的主要依据是什么？

16. 为什么高速钢刀具随主偏角的减小，刀具耐用度会提高？

17. 选择切削用量的原则是什么？为什么说选择切削用量的次序是先选 a_p，再选 f，最后选 v_c？

18. 粗加工时进给量的选择受哪些因素的限制？

六、计算分析题

1. 试画出图 1-1-2 所示切断刀的正交平面参考系的标注角度：γ_o、α_o、κ_r、κ_r'、α_o'。（要求标出假定主运动方向 v_c、假定进给运动方向 v_f、基面 P_r、切削平面 P_s）

2. 绘制图 1-1-3 所示 45°弯头车刀的正交平面参考系的标注角度（从外缘向中心车端面）：$\gamma_o=15°$、$\lambda_s=0°$、$\alpha_o=8°$、$\kappa_r=45°$、$\alpha_o'=6°$。

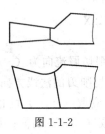

图 1-1-2

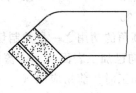

图 1-1-3

3. 设外圆车刀的 $\gamma_o=15°$、$\lambda_s=5°$、$\alpha_o=8°$、$\kappa_r=45°$，求 γ_f、γ_p、α_f 及 α_p。

4. 如图 1-1-4 所示，镗孔时工件内孔直径为 $\phi50\text{mm}$，镗刀的几何角度为：$\gamma_o=10°$、$\lambda_s=0°$、$\alpha_o=8°$、$\kappa_r=75°$，若镗刀在安装时刀尖比工件中心高 $h=1\text{mm}$，试检验镗刀的工作后角 α_{oe}。

5. 车削梯形单头螺纹。螺距为 12mm，外径为 50mm，若螺纹车刀的 $\gamma_f=0°$、$\lambda_s=0°$、$\alpha_{fR}=\alpha_{fL}=8°$，试校验螺纹车刀的 α_{feR} 和 α_{feL} 的大小。

6. 如图 1-1-5 所示的车端面，试标出背吃刀量 a_p、进给量 f、公称厚度 h_D、公称宽度 b_D。又若 $a_p=5\text{mm}$，$f=0.3\text{mm/r}$，$\kappa_r=45°$，试求切削面积 A_D。

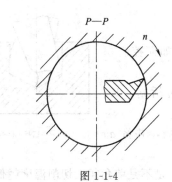

图 1-1-4

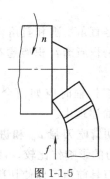

图 1-1-5

第二章 机械加工工艺基本知识

一、填空题

1. 在机械制造中，根据企业生产专业化程度不同，生产类型可分为三种，即_____、_____和_____。生产类型的划分除了与_____有关外，还应考虑_____。
2. 零件加工表面的技术要求有_____、_____、_____、_____。
3. 常见毛坯种类有_____、_____、_____和_____。其中对于形状较复杂的毛坯一般采用_____。
4. 基准根据功用不同可分为_____与_____两大类。
5. 工件定位的方法有_____、_____、_____三种。
6. 夹具上对于定位元件的基本要求是_____、_____、_____和_____。
7. 造成定位误差的原因有_____、_____。
8. 工艺过程一般划分为_____、_____、_____和_____四个加工阶段。
9. 工艺尺寸链的两个特征是_____和_____。
10. 单件时间包括_____、_____、_____、_____、_____。

二、判断题（正确的打√，错误的打×）

1. 工序是组成工艺过程的基本单元。   （ ）
2. 不完全定位在零件的定位方案中是不允许出现的。   （ ）
3. 粗基准在同一尺寸方向可以反复使用。   （ ）
4. 轴类零件常用两中心孔作为定位基准，这是遵循了"自为基准"原则。 （ ）
5. 可调支承一般每件都要调整一次，而辅助支承可以每批调整一次。   （ ）
6. 退火和正火一般作为预备热处理，通常安排在毛坯制造之后，粗加工之前进行。
                                                                （ ）
7. 采用六个支承钉进行工件定位，则限制了工件的六个自由度。   （ ）
8. 工序集中优于工序分散。   （ ）
9. 工序尺寸公差的布置，一般采用"单向入体"原则，因此对于轴类外圆表面工序尺寸，应标成下偏差为零；对于孔类内孔表面工序尺寸，应标成上偏差为零。（ ）
10. 调质只能作为预备热处理。   （ ）

三、选择题

1. 在机械加工中直接改变工件的形状、尺寸和表面质量，使之成为所需零件的过程称为（   ）。

   A. 生产过程   B. 工艺过程   C. 工艺规程   D. 机械加工工艺过程

2. 编制零件机械加工工艺规程、编制生产计划和进行成本核算最基本的单元是（　　）。
A. 工步　　　　　B. 工序　　　　　C. 工位　　　　　D. 安装

3. 零件在加工过程中使用的基准叫做（　　）。
A. 设计基准　　　B. 装配基准　　　C. 定位基准　　　D. 测量基准

4. 自位基准是以加工面本身作为精基准，多用于精加工或光整加工工序中，这是由于（　　）。
A. 符合基准统一原则　　　　　　　B. 符合基准重合原则
C. 能保证加工面的余量小而均匀　　D. 能保证加工面的形状和位置精度

5. 用（　　）来限制六个自由度，称为完全定位。根据加工要求，只需要限制少于六个自由度的定位方案称为（　　）。
A. 六个支承点　　　　　　　　　　B. 具有独立定位作用的六个支承点
C. 完全定位　　　　　　　　　　　D. 不完全定位
E. 欠定位

6. 零件在加工过程中不允许出现的情况是（　　）。
A. 完全定位　　　B. 欠定位　　　　C. 不完全定位

7. 工件定位中，由于（　　）基准和（　　）基准不重合而产生的加工误差，称为基准不重合误差。
A. 设计　　　　　B. 工艺　　　　　C. 测量
D. 定位　　　　　E. 装配

8. 基准不重合误差的大小与（　　）有关。
A. 本道工序要保证的尺寸大小和技术要求
B. 本道工序的设计基准与定位基准之间的位置误差
C. 定位元件和定位基准本身的制造误差

9. 试指出下列零件在加工中的热处理工序应安排在工艺过程的哪个阶段：
（1）车床主轴（45 钢）的调质工序；（　　）
（2）车床主轴（45 钢）各主轴颈的高频淬火（G54）；（　　）
（3）车床尾架铸件的人工时效处理。（　　）
A. 粗加工前　　　　　　　　　　　B. 粗加工后，半精加工前
C. 半精加工后，精加工前　　　　　D. 精加工后，光整加工前

10. 工序尺寸的公差一般采用（　　）分布，其公差值可按经济精度查表；毛坯尺寸的公差是采用（　　）分布，其公差值可按毛坯制造方法查表。
A. 单向　　　　　B. 双向　　　　　C. 双向对称

11. 在机械加工中，完成一个工件的一道工序所需的时间，称为（　　）。
A. 基本时间　　　B. 劳动时间　　　C. 单件时间　　　D. 服务时间

12. 在生产中批量愈大，则准备与终结时间摊到每个工件上的时间就（　　）。
A. 愈少　　　　　B. 愈多　　　　　C. 与生产批量无关

四、名词解释

1. 生产过程
2. 工艺过程
3. 工序
4. 安装

5. 生产纲领
6. 零件结构工艺性
7. 基准
8. 辅助基准
9. 经济精度
10. 工序公称余量

五、问答题

1. 如图 1-2-1 所示零件，单件小批生产时其机械加工工艺过程如下所述，试分析其工艺过程的组成（包括工序、工步、走刀、安装）。
工艺过程：①在刨床上分别刨削六个表面，达到图样要求；②粗刨导轨面 A，分两次切削；③刨两越程槽；④精刨导轨面 A；⑤钻孔；⑥扩孔；⑦铰孔；⑧去毛刺。

2. 图 1-2-2 所示零件，毛坯为 $\phi 35\mathrm{mm}$ 棒料，批量生产时其机械加工工艺过程如下所述，试分析工艺过程的组成。（要求同题 1）

机械加工工艺过程：①在锯床上切断下料；②车一端面钻中心孔；③调头，车另一端面钻中心孔；④将整批工件靠螺纹一边都车至 $\phi 30\mathrm{mm}$；⑤调头车削整批工件的 $\phi 18\mathrm{mm}$ 外圆；⑥车 $\phi 20\mathrm{mm}$ 外圆；⑦在铣床上铣两平面，转 90°后铣另外两平面；⑧车螺纹，倒角。

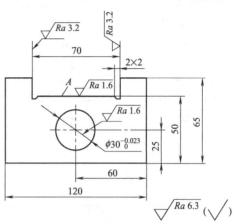

图 1-2-1

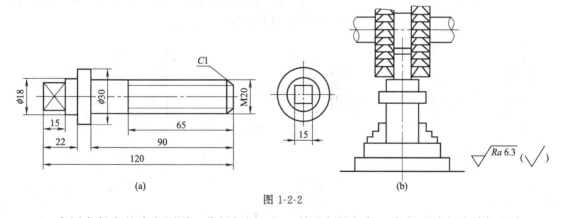

图 1-2-2

3. 应用夹紧力的确定原则，分析如图 1-2-3 所示夹紧方案，指出不妥之处并加以改正。

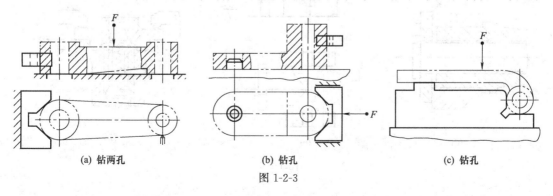

图 1-2-3

4. 某厂年产 4105 型柴油机 1000 台，已知连杆的备用率为 5%，机械加工废品率为 1%，试计算连杆的生产纲领，说明其生产类型及主要工艺特点。（注：一般零件质量小于 100kg 为轻型零件；大于 100kg 且小于 2000kg 为中型零件；大于 2000kg 为重型零件）

5. 试指出图 1-2-4 所示结构工艺性方面存在的问题，并提出改进意见。

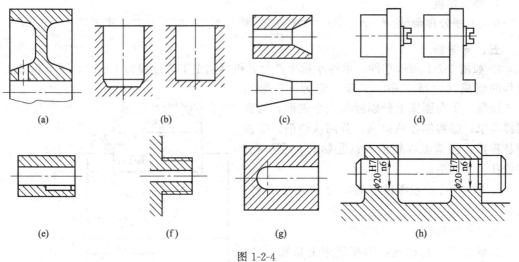

图 1-2-4

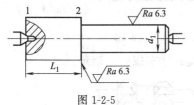

图 1-2-5

6. 图 1-2-5 为小轴在两顶尖间加工小端外圆及台阶面 2 的工序图，试分析台阶面 2 的设计基准、定位基准及测量基准。

7. 根据六点定位原理分析图 1-2-6 所示各定位方案中各定位元件所消除的自由度。

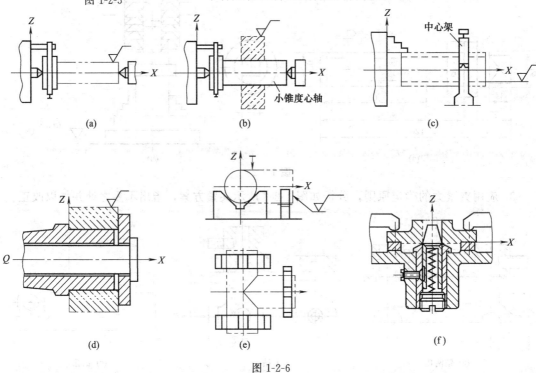

图 1-2-6

8. 根据六点定位原理，试分析图 1-2-7 所示各定位方案中各定位元件所消除的自由度。如果属于过定位或欠定位，请指出可能出现什么不良后果，并提出改进方案。

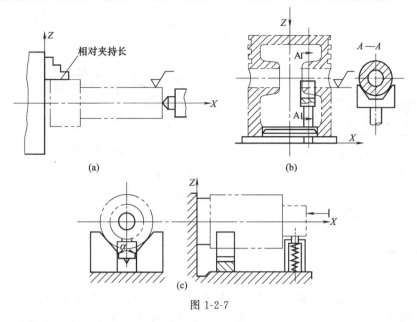

图 1-2-7

9. 如图 1-2-8 所示，根据工件加工要求，确定工件在夹具中定位时应限制的自由度。

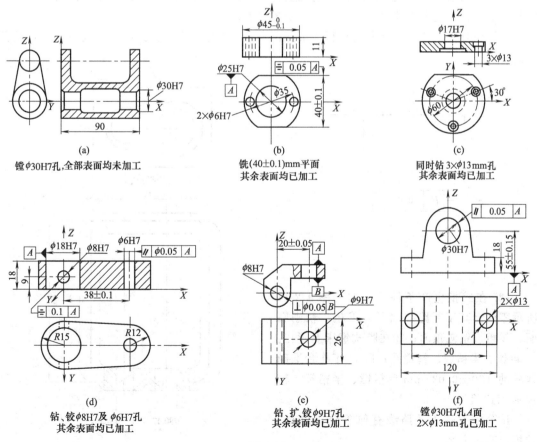

图 1-2-8

10. 试分析说明图 1-2-9 中各零件加工主要表面时定位基准（粗、精基准）应如何选择？

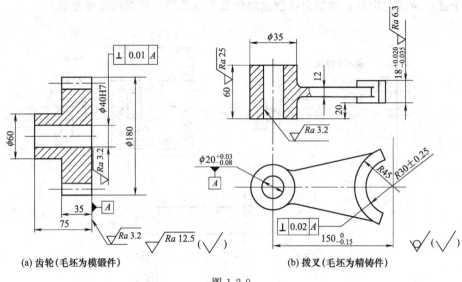

(a) 齿轮(毛坯为模锻件)　　(b) 拨叉(毛坯为精铸件)

图 1-2-9

11. 为保证工件上两个主要表面的相互位置精度（如图 1-2-10 中 A、B 面平行度要求），若各工序之间无相关误差，并仅从比较各种定位方式入手，在拟订工艺方案、选择精基准时，一般可以采取下列定位方式：①基准重合加工；②基准统一加工（分两次安装）；③不同基准加工；④互为基准加工；⑤同一次安装加工。

试按照获得相互位置精度最有利的条件，顺序写出五种定位方式的先后次序并简要说明理由。

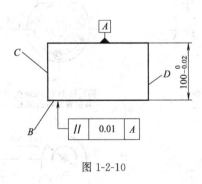

图 1-2-10

12. 在成批生产条件下，加工图 1-2-11 所示零件，其工艺路线如下。①粗、精刨底面；②粗、精刨顶面；③在卧式镗床上镗孔：a. 粗镗、半精镗、精镗孔；b. 将工作台准确地移动 (80±0.03)mm 后粗镗、半精镗、精镗 $\phi60H7$ 孔。

试分析上述工艺路线有何不合理之处，并提出改进方案。

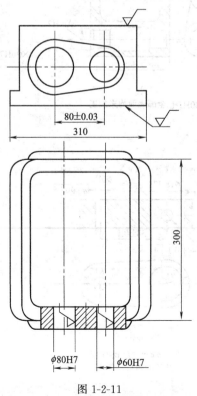

图 1-2-11

13. 试说明划分加工阶段的理由。

14. 试拟定图 1-2-12 所示零件的机械加工工艺路线（包括工序号、工序内容、加工方法、定位基准及加工设备）。已知：毛坯材料为灰铸铁（孔未铸出）；成批生产。

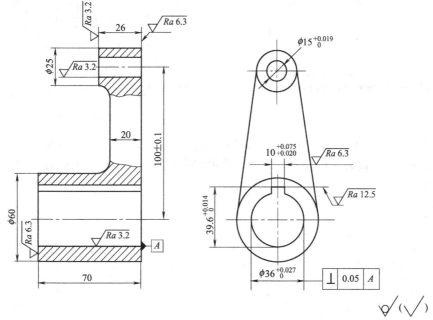

图 1-2-12

15. 试拟定图 1-2-13 所示零件的机械加工工艺路线（要求同 14 题）。已知：毛坯材料为灰铸铁；中批生产。

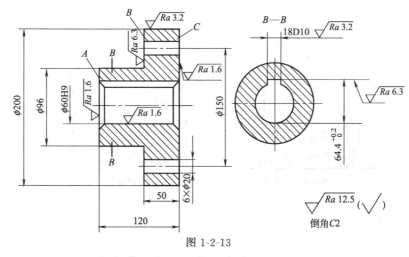

图 1-2-13

16. 什么是工艺成本？工艺成本由哪些具体部分组成？

六、计算题

1. 工件定位如图 1-2-14 所示，欲加工 C 面，要保证尺寸 (20 ± 0.1)mm，试计算该定位方案能否满足精度要求？若不能满足时，应如何改进？

2. 如图 1-2-15 所示，工件以 A、B 面定位加工 ϕ10H7 孔，试计算尺寸 (12 ± 0.1)mm 的定位误差。

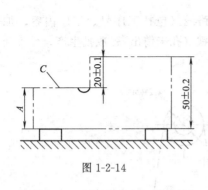

图 1-2-14

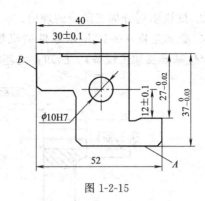

图 1-2-15

3. 如图 1-2-16 所示,在工件上铣一键槽,其要求见图示,试计算各方案在尺寸 $45_{-0.2}^{0}$ mm 及槽宽对称度方面的定位误差,并分析哪种定位方案正确。有否更好的定位方案?试绘草图说明之。

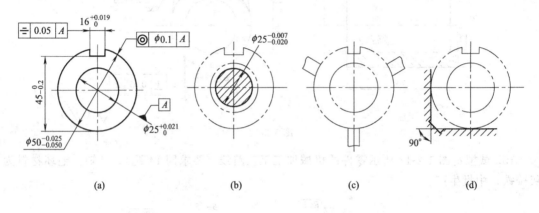

图 1-2-16

4. 工件如图 1-2-17(a)所示,加工两斜面,保证尺寸 A,试分析哪个定位方案精度高。有否更好的方案?试说明之。(V 形块夹角 $\alpha=90°$,侧面定位引起的歪斜忽略不计)

5. 在轴上铣一平面,工件定位方案如图 1-2-18 所示。试求尺寸 A 的定位误差。

6. 在阶梯轴上铣键槽,要求保证尺寸 H、L。毛坯尺寸 $D=\phi 160_{-0.14}^{0}$ mm,$d=\phi 40_{-0.1}^{0}$ mm,D 对于 d 的同轴度公差为 0.04 mm,定位方案如图 1-2-19 所示。试求 H、L 的定位误差。(V 形块夹角为 $90°$)

第二章 机械加工工艺基本知识 | 13

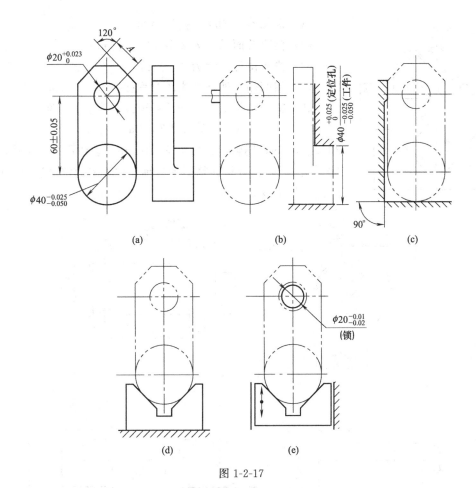

图 1-2-17

图 1-2-18

图 1-2-19

7. 工件定位如图 1-2-20 所示，若定位误差控制在工件尺寸公差的 1/3 内，试分析该定位方案能否满足要求。若达不到要求，应如何改进？并绘简图表示。

8. 一批工件如图 1-2-21 所示以圆孔 $\phi 20H7(^{+0.021}_{0})$ mm 用心轴 $\phi 20g6(^{-0.007}_{-0.020})$ mm 定位，在立式铣床上用顶尖顶住心轴铣槽。其中外圆 $\phi 40h6(^{0}_{-0.013})$ mm、内孔 $\phi 20H7$ 及两端面均已加工合格，外圆对内孔的径向跳动在 0.02mm 之内。今要保证铣槽的主要技术要求为：

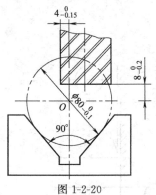

图 1-2-20

(1) 槽宽 $b=12\text{h}9(_{-0.043}^{0})\text{mm}$；

(2) 槽距端面尺寸为 $20\text{h}12(_{-0.21}^{0})\text{mm}$；

(3) 槽底位置尺寸为 $34.8\text{h}11(_{-0.16}^{0})\text{mm}$；

(4) 槽两侧对外圆轴线的对称度公差为 0.1mm。

试分析其定位误差对保证各项技术要求的影响。

9. 工件尺寸如图 1-2-22（a）所示，$\phi 40_{-0.03}^{0}$ mm 与 $\phi 35_{-0.02}^{0}$ mm，同轴度公差为 $\phi 0.02$mm。欲钻孔 O，并保证尺寸 $30_{-0.11}^{0}$ mm，试分析计算图示各种定位方案的定位误差。（加工时的工件轴线处于水平位置，V 形块夹角 $\alpha=90°$）

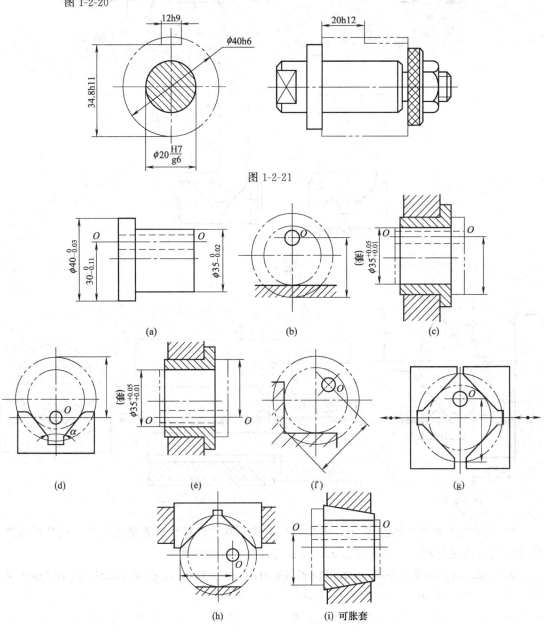

图 1-2-22

10. 有一批工件，如图 1-2-23（a）所示。采用钻模钻削工件上 $\phi 5mm$ 和 $\phi 8mm$ 两孔，除保证图纸要求外，还要求保证两孔连心线通过 $\phi 60_{-0.1}^{\ 0}mm$ 的轴线，其对称度允差为 0.08mm。现采用如图（b）、（c）、（d）三种定位方案，若定位误差不得大于加工允差的 1/2。试问：这三种定位方案是否都可行（$\alpha = 90°$）？

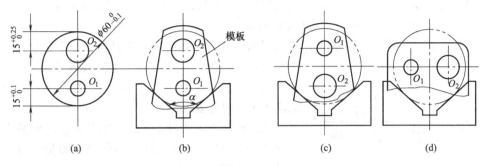

图 1-2-23

11. 工件定位如图 1-2-24 所示，采用一面两孔定位，两定位销垂直放置。现欲在工件上钻两孔 O_3 及 O_4，要保证尺寸 $50_{\ 0}^{+0.5}mm$，$40_{\ 0}^{+0.2}mm$ 及 $70_{\ 0}^{+0.3}mm$；若定位误差只能占工件公差的 1/2。试设计该一面两销定位方案，确定两销中心距及公差（按 $\delta_{1d} = 1/4 \delta_{LD}$ 取），圆柱销直径及公差（按 f7 选取），菱形销直径及公差，并计算确定该定位方案能否满足两孔 O_3 和 O_4 的位置精度要求。若满足不了要求时，应采取什么措施？

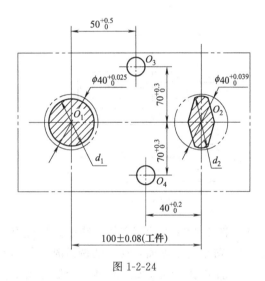

图 1-2-24

12. 图 1-2-25 所示阶梯轴在双 V 形块上定位，钻孔 D 及铣半月形键槽。已知 $d_1 = \phi 35_{-0.017}^{\ 0}mm$，$d_2 = 35_{-0.050}^{-0.025}mm$；$L_1 = 80mm$，$L_2 = 30mm$，$L_3 = 120mm$；$\alpha = 90°$。若不计 V 形块的制造误差，试计算 A_1 及 A_2 的定位误差。

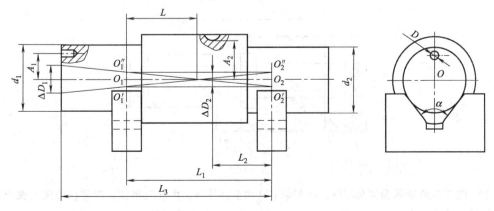

图 1-2-25

13. 若在立钻上用浮动夹头铰削 $\phi 32^{+0.05}_{0}$ mm 的内孔，铰削前为精镗。设精镗的尺寸公差为 0.2mm，精镗的表面粗糙度为 $Ra0.002$mm，精镗的表面破坏层深度 $S_a = 0.003$mm，试确定铰孔的余量及镗孔的尺寸。

14. 某零件上有一孔 $\phi 60^{+0.03}_{0}$ mm，表面粗糙度 $Ra1.6\mu m$，孔长 60mm，材料为 45 钢，热处理淬火达 42HRC，毛坯为锻件。设孔的加工工艺过程是：(1) 粗镗；(2) 半精镗；(3) 热处理；(4) 磨孔。试求各工序尺寸及其偏差。

15. 单件加工如图 1-2-26 所示工件（材料为 45 钢），若底平面已加工好了，现欲加工上平面，其尺寸为 $\phi 80^{+0.03}_{-0.05}$ mm，表面粗糙度为 $Ra0.4\mu m$。若平面的加工工艺过程是：粗铣—精铣—粗磨—精磨。试求各工序尺寸及其偏差。

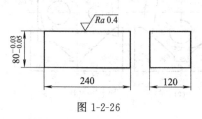

图 1-2-26

16. 某零件（见图 1-2-27）加工时，图纸要求保证尺寸 "6 ± 0.1"，因这一尺寸不便直接测量，只好通过度量尺寸 L 来间接保证，试求工序尺寸 L 及其上、下偏差。

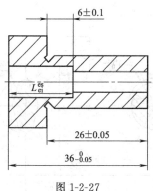

图 1-2-27

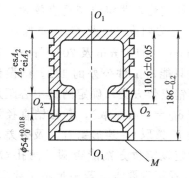

图 1-2-28

17. 图 1-2-28 为活塞零件（图中只标注有关尺寸），若活塞销孔 $\phi 54^{+0.018}_{0}$ mm 已加工好了，现欲精车活塞顶面，在试切调刀时，须测量尺寸 A_2，试求工序尺寸 A_2 及其偏差。

18. 加工图 1-2-29 所示零件，为保证切槽深度的设计尺寸 $5^{+0.2}_{0}$ mm 的要求，切槽时以端面 1 为测量基准，控制孔深 A。试求工序尺寸 A 及其偏差。

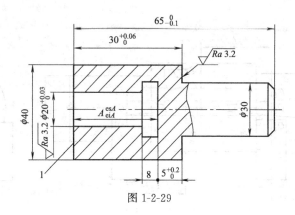

图 1-2-29

19. 图 1-2-30 所示为轴套零件，在车床上已加工好外圆、内孔及各面，现需在铣床上铣出右端槽，并保证尺寸 $5^{0}_{-0.06}$ mm 及 (26 ± 0.2)mm，求试切调刀时的度量尺寸 H、A 及其上、下偏差。

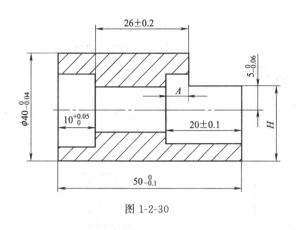

图 1-2-30

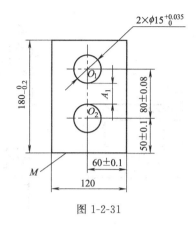

图 1-2-31

20. 图 1-2-31 所示为箱体零件（图中只标注相关尺寸），试分析计算：

(1) 若孔 O_1、O_2 分别都以 M 面为基准镗孔时，试标注两镗孔工序的工序尺寸；

(2) 检验孔距时，因 (80 ± 0.08) mm 不便于测量，故选测量尺寸 A_1，试求工序尺寸 A_1 及其上、下偏差；

(3) 若实测尺寸 A_1 超差了，能否直接判断该零件为废品？

21. 如图 1-2-32 所示衬套，材料为 20 钢，$\phi30^{+0.021}_{0}$ mm 内孔表面要求磨削后保证渗碳层深度 $0.8^{+0.3}_{0}$ mm，试求：

(1) 磨削前精镗工序的工序尺寸及偏差；

(2) 精镗后热处理时渗碳层的深度尺寸及偏差。

22. 如图 1-2-33 所示叶片泵传动轴的工艺过程如下：工序Ⅰ，粗车外圆至 $\phi26^{0}_{-0.28}$ mm；工序Ⅱ，精车外圆至 $\phi25.3^{0}_{-0.084}$ mm；工序Ⅲ，划键槽线；工序Ⅳ，铣键槽深度至尺寸 A；工序Ⅴ，渗碳深度 t，淬火 56~62HRC；工序Ⅵ，磨外圆至尺寸 $\phi25^{0}_{-0.14}$ mm，要求保证渗碳层深度 0.9~1.1mm。试求：

(1) 计算铣键槽时的槽深尺寸 A 及其偏差；

(2) 渗碳时应控制的工艺渗碳层深度 t 及其偏差。

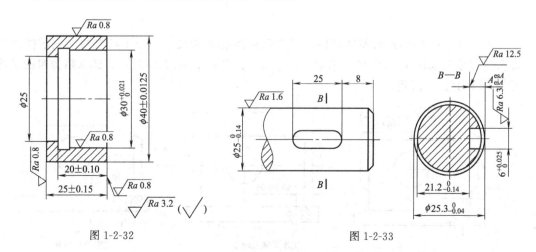

图 1-2-32   图 1-2-33

23. 如图 1-2-34（a）所示轴套（图中只标注有关的轴向尺寸），按工厂资料，其工艺过程的部分工序如图 1-2-34（b）所示。工序Ⅴ，精车小端外圆、端面及肩面；工序Ⅵ，钻孔；

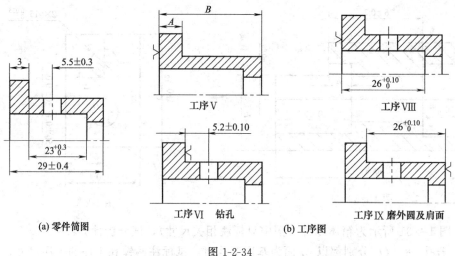

(a) 零件简图　　　　　　　(b) 工序图

图 1-2-34

工序Ⅶ，热处理；工序Ⅷ，磨孔及底面；工序Ⅸ，磨小端外圆及肩面。试求工序尺寸 A、B 及其偏差。

24. 某零件的加工路线如图 1-2-35 所示：工序Ⅰ，粗车小端外圆、轴肩面及端面；工序Ⅱ，车大端外圆及端面；工序Ⅲ，精车小端外圆、轴肩面及端面。

试校核工序Ⅲ精车小端外圆的余量是否合适。若余量不够应如何改进？

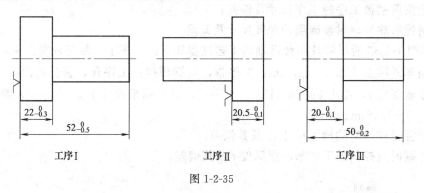

图 1-2-35

25. 图 1-2-36（a）为箱体简图，图中已标注有关的尺寸，按工厂资料，该零件加工的部分工序草图如图 1-2-36（b）所示（工序以底面及其上两销孔定位），试求精镗时的工序尺寸 A 及其上、下偏差。

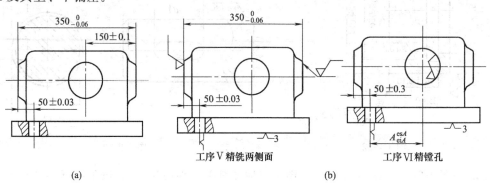

图 1-2-36

26. 图 1-2-37（a）为某零件图，其部分工序如图 1-2-37（b）、(c)、(d) 所示。试校核工序图上所标注的工序尺寸及偏差是否正确。如不正确应如何改正？

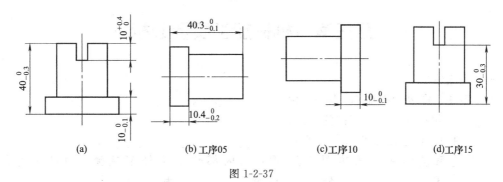

图 1-2-37

第三章 机械加工质量分析

一、填空题

1. 零件的机械加工是在由 _____、_____、_____ 和 _____ 组成的工艺系统内完成的。
2. 主轴回转误差的三种基本形式是 _____、_____、_____。
3. 工艺系统热变形的热源大致可分为内部热源和外部热源。内部热源包括 _____ 和 _____；外部热源包括 _____ 和 _____。
4. 在切削加工中，如果工件表层金属以塑性变形为主，则表层金属产生 _____ 应力；如果以热塑性变形为主，则表层产生 _____ 应力；如果以局部高温和相变为主，则加工后表面层常产生 _____ 应力。
5. 加工误差按其统计规律可分为 _____ 和 _____ 两大类。其中 _____ 又分为常值系统误差和变值系统误差两种。
6. 经过机械加工后的零件表面存在着 _____、_____、_____ 等缺陷。
7. 切削加工中影响表面粗糙度的因素有 _____、_____、_____。
8. 机械加工表面层的物理力学性能包括 _____、_____ 和表面层的 _____ 变化。
9. 振动按其产生的原因分为 _____、_____、_____ 三种。
10. 磨削常用的砂轮粒度号为 _____，一般不超过 _____。

二、判断题（正确的打√，错误的打×）

1. 刀尖圆弧半径和后刀面磨损量增大，将使冷作硬化层硬度及深度增大。（ ）
2. 镗内孔时，镗刀尖安装偏低，抗振性较好。（ ）
3. 为减轻磨削烧伤，可加大磨削深度。（ ）
4. 铣削和拉削时，由于切削力稳定，故不会引起强迫振动。（ ）
5. 加工表面层产生的残余压应力，能提高零件的疲劳强度。（ ）
6. 自激振动是一种不衰减的振动。（ ）
7. 残余应力是有害的应力。（ ）
8. 砂轮的粒度越大，硬度越低，则自砺性越差，磨削温度越高。（ ）
9. 减少进给量将减少表面粗糙度值。（ ）
10. 表面波度与表面粗糙度产生的原因不同，所以区别标准有别。（ ）

三、选择题（将正确答案的序号填入括号内）

1. （ ）加工是一种易引起工件表面金相组织变化的加工方法。
   A. 车削　　　B. 铣削　　　C. 磨削　　　D. 钻削
2. 车床主轴的纯轴向窜动对（ ）的形状精度有影响。
   A. 车削内外圆　　B. 车削端平面　　C. 车内外螺纹　　D. 切槽
3. 造成车床主轴抬高或倾斜的主要原因是（ ）。

A. 切削力 B. 夹紧力
C. 主轴箱和床身温度上升 D. 刀具温度高
4. 车削模数蜗杆时造成螺距误差的原因是（　　）。
A. 配换齿轮 B. 刀具变形 C. 工件变形 D. 夹具变形
5. 工件在进行切削加工时，受到切削力的作用，表层产生塑性变形，晶格扭曲拉长。另一方面，表面受到摩擦力的作用而被（　　），密度（　　），比体积（　　），因此体积（　　），受到里层阻碍，故表层受（　　）应力，里层产生（　　）应力。
A. 拉伸 B. 压缩 C. 增大
D. 减小 E. 拉 F. 压
6. 表面粗糙度是波距 L 小于（　　）的表面微小波纹。
A. 1mm B. 2mm C. 3mm D. 4mm
7. 出现积屑瘤和鳞刺的切削速度为（　　）。
A. 10m/min B. 20～50m/min C. 70～130m/min D. 140m/min
8. 增大（　　）对降低表面粗糙度有利。
A. 进给量 B. 主偏角 C. 副偏角 D. 刃倾角
9. 对机械加工过程影响较小的振动是（　　）。
A. 自由振动 B. 自激振动 C. 受迫振动 D. 衰减振动
10. 对切削速度在（　　）以上的零件必须经过平衡才能减小激振力。
A. 500r/min B. 600r/min C. 400r/min D. 1500r/min

四、名词解释

1. 加工误差
2. 尺寸精度
3. 误差复映
4. 定位误差
5. 误差补偿
6. 表面质量
7. 表面粗糙度
8. 表面波度
9. 冷作硬化
10. 颤振

五、简答题

1. 减少或消除内应力的措施有哪些？
2. 什么是误差敏感方向？车床与镗床的误差敏感方向有何不同？
3. 基准不重合误差与基准位移误差有何区别？
4. 加工误差根据其统计规律可分为哪些类型？有何特点？
5. 提高加工精度的主要措施有哪些？
6. 表面质量的含义包含哪些主要内容？
7. 产生磨削烧伤的原因有哪些？如何避免磨削烧伤？
8. 引起表面残余应力的原因有哪些？
9. 切削加工时可以采取哪些措施减小加工表面粗糙度？

10. 什么是表面冷作硬化？如何控制？

六、计算分析题

1. 在车床上车削一批小轴。经测量实际尺寸大于要求的尺寸从而必须返修的小轴数为24%，小于要求的尺寸从而不能返修的小轴数为2%，若小轴的直径公差 $T=0.16$mm，整批工件的实际尺寸按正态分布，试确定该工序的均方差 σ，并判断车刀的调整误差为多少。

2. 加工一批工件的外圆，图纸要求尺寸为（$\phi 20\pm 0.07$）mm，若加工尺寸按正态分布。加工后发现有8%的工件为废品，且其中一半废品的尺寸小于零件的下偏差，试确定该工序能达到的加工精度。

3. 在三台车床上分别用两顶尖安装工件，如图 1-3-1 所示，各加工一批细长轴，加工后经测量发现：1 号车床产品出现腰鼓形，2 号车床产品出现鞍形，3 号车床产品出现锥形。试分析产生上述各种形状误差的主要原因。

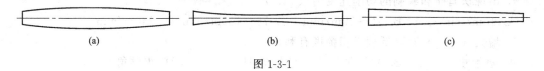

图 1-3-1

4. 在卧式铣床上铣削键槽，如图 1-3-2 所示，经测量发现，靠工件两端深度大于中间，且中间的深度比调整的深度尺寸小，试分析产生这一误差的原因，并设法克服或减小这种误差。

5. 如图 1-3-3 所示，壁厚不均匀铸件，在其薄壁处用宽度为 C 的单片铣刀铣开后铸件将如何变形？

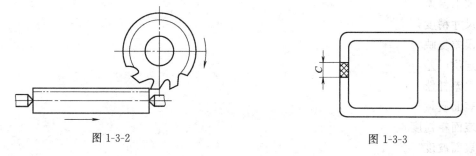

图 1-3-2　　　　　　　　　　图 1-3-3

6. 车削一铸铁零件的外圆表面，若进给量 $f=0.5$mm/r，车刀刀尖的圆弧半径 $r_\varepsilon=0.4$mm，问能达到的加工表面粗糙度值。

7. 采用粒度号为 30 号的砂轮磨削钢件和采用粒度号为 60 号的砂轮磨削钢件，哪一种情况表面粗糙度值更小？

8. 机械加工对零件表面物理力学性能有什么影响？它们对产品质量有何影响？

第四章 轴类零件加工工艺及常用工艺装备

一、填空题

1. 轴类零件主要用于_____以及保证装在轴上零件的_____。
2. 一般轴类零件常用_____作材料；中等精度而转速高的轴可用_____；高转速、重载荷条件下工作的轴可选_____。
3. 轴按刚性进行分类时，当_____时称为挠性轴，当_____时称为刚性轴。
4. 无心磨削的导轮表面应修整成_____形状。工件中心应_____砂轮和导轮中心连线。
5. 外圆表面的精密加工方法有_____、_____、_____和_____等。
6. 超精加工大致有四个阶段，它们是_____、_____、_____、_____。
7. 精细车常作为_____等材料的精加工。
8. 硬质合金焊接式车刀刀片型号中字母表示_____，数字表示_____。
9. 焊接式车刀刀片尺寸中的 l 应根据_____和_____确定，t 应考虑_____和_____，s 应根据_____来确定。
10. 砂轮的特性包括_____、_____、_____、_____和_____。
11. 磨削时出现多角形是由于_____产生的，螺旋形是由于_____，拉毛是由砂轮的_____所造成的。
12. 车床夹具布置定位元件时应保证加工表面的_____与机床主轴的_____重合。
13. 砂轮组成三要素：_____、_____和_____。
14. 机床夹具常由_____、_____、_____、_____、_____及其他装置所组成。
15. 夹具设计中必须标注出影响零件加工精度的三类尺寸为_____、_____和_____。
16. 在角铁式车床夹具中常设有工艺孔，它既是_____基准，也是安装夹具时的_____基准。
17. 螺旋夹紧机构中有时为防止工件表面造成损伤，常使用_____。
18. 一般阶梯轴，粗加工时的装夹方法为_____，半精加工和精加工时的装夹方法为_____。
19. 有一批毛坯为锻件的轴，其加工顺序为：粗车—半精车—磨削，其热处理工艺是正火、调质和淬火，安排热处理位置，正火在_____前，调质在_____前，淬火在_____前。
20. 轴上的重要螺纹加工宜安排在局部淬火之_____进行。

二、判断题（正确的打√，错误的打×）

1. 磨削烧伤是由磨削高温引起的，外圆磨削时为消除烧伤可适当降低工件转速。（ ）
2. 无心磨削适于成批大量生产。（ ）
3. 滚压后零件的形状精度、位置精度只取决于前道工序。（ ）
4. 研磨用的研具比工件材料软，因此不能修正形状精度。（ ）
5. 砂轮硬度与磨粒硬度无关。（ ）
6. 砂轮粒度号越大，磨粒越小。（ ）
7. 精磨时，应选择细粒度、硬度低一些的砂轮。（ ）
8. 研磨时，可修正上道工序中工件的位置精度。（ ）
9. 磨削时，当工件材料较硬时，应选择较软的砂轮。（ ）
10. 粗磨时，为保证磨削质量常选用容屑空间大的粗粒度砂轮。（ ）
11. 轴上键槽的加工应放在外圆精车或粗磨后、精磨外圆前。（ ）
12. 精磨时，应选择细粒度、硬度低一些的砂轮。（ ）
13. 磨削钢等韧性材料应选择刚玉类磨料。（ ）
14. 车细长轴时，产生竹节形的原因是跟刀架的卡爪压得过紧。（ ）
15. 中空轴在小锥度心轴上定位，其径向位移误差等于零。（ ）
16. 轴类零件以其上的螺纹进行定位时，其定位精度相对较高。（ ）

三、选择题

1. 在磨削加工中，当工件或砂轮振动时常产生（ ）的缺陷。
   A. 多角形　　B. 螺旋形　　C. 拉毛　　D. 烧伤
2. 在滚压加工中，常会在工件表面产生（ ）。
   A. 残余拉应力　B. 残余压应力　C. 压痕　　D. 位置误差
3. 对局部要求表面淬火来提高耐磨性的轴，需在淬火前进行（ ）处理。
   A. 调质　　B. 正火　　C. 回火　　D. 退火
4. 热处理工序中的淬火常放在（ ）阶段之前，可保证其引起的局部变形得到纠正。
   A. 粗加工　　B. 半精加工　　C. 精加工　　D. 超精加工
5. 轴类零件毛坯加工余量较大时，（ ）放在粗加工后、半精加工之前，可使因粗车时产生的内应力在热处理时消除，而当余量较小时，可放在粗车之前进行。
   A. 调质　　B. 正火　　C. 回火　　D. 退火
6. 轴类零件上螺纹应放在（ ）之后或工件局部淬火之前进行加工。
   A. 粗加工　　B. 半精加工　　C. 精加工　　D. 超精加工
7. 下列材料中不宜选用滚压作为终加工的为（ ）。
   A. 锻件　　B. 热拉圆钢　　C. 铸铁件　　D. 冷拔圆钢
8. 研磨时常选用的材料比工件材料要（ ）。
   A. 硬　　B. 软　　C. 相近
9. 精度要求较高的中空轴加工时常选用的定位元件为（ ）。
   A. 圆柱心轴　　B. 锥堵　　C. 定位销　　D. 长心轴
10. 车削较细、较长轴时，应用中心架与跟刀架对外圆面定位的目的是（ ）。
    A. 增加定位点　B. 提高工件刚性　C. 保护刀具

11. 对砂轮磨粒粒度的选择，在加工余量大的粗磨时，应选用（　　）。
   A. 粗颗粒　　　B. 中颗粒　　　C. 细颗粒
12. 细长轴的刚性很差，在切削力、重力和向心力的作用下会使工件弯曲变形，车削中极易产生（　　）。
   A. 表面不光滑　　B. 振动　　　C. 加工精度低

四、问答题

1. 轴类零件的功用主要有哪些？轴类零件的结构特点和技术要求有哪些？
2. 轴类零件的常用材料有哪些？如何合理选用？
3. 试比较外圆磨削时纵磨法、横磨法及综合磨法的特点及应用。
4. 根据无心磨削的原理，说明无心磨削时要满足的必要条件。
5. 在磨削过程中容易产生哪些常见缺陷？应如何避免缺陷的产生？
6. 试比较焊接车刀、可转位车刀的结构与使用性能方面的特点。
7. 试说明型号为 FNMM120400-Y2 可转位刀片的形状及尺寸参数。
8. 砂轮结合剂有哪几种？各有何特点？适用于何种场合？
9. 什么是砂轮硬度？它与磨粒硬度是否相同？砂轮硬度对磨削过程有何影响？应如何选择？
10. 试述车床夹具的设计要点。
11. 螺旋夹紧机构有何特点？试列举一些常用螺旋夹紧机构，并说明其应用场合。
12. 阶梯轴加工工艺过程制订的依据是什么？加工过程三个阶段的主要工序有哪些？各自达到什么目的？
13. 中心孔在轴类零件加工中起什么作用？为什么在每一加工阶段前都要进行中心孔的研磨？中心孔研磨共有几种？如果中心孔研磨后圆度误差大，对轴颈精磨精度有何影响？
14. 如何合理安排轴上键槽、花键加工顺序？
15. 试分析细长轴车削的工艺特点，并说明反向走刀车削法的先进性。
16. 编制图 1-4-1 所示小轴零件的机械加工工艺过程，并选择主要工序的机床、夹具、刀具。生产类型为大批生产，材料为 40Cr。

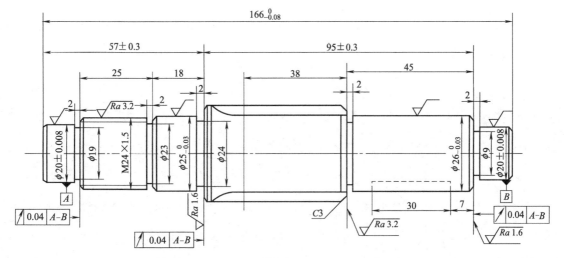

图 1-4-1

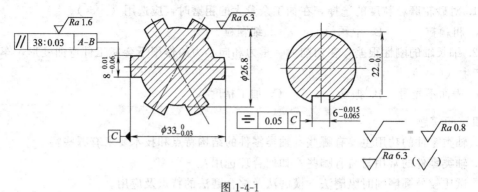

图 1-4-1

第五章 套筒类零件加工工艺及常用工艺装备

一、填空题

1. 在钻床上钻孔，单件小批生产或加工要求低的工件常用_____法安装，大批量钻孔或工件位置精度要求较高时，宜用_____安装工件钻孔。

2. 在车床上钻孔，工件常安装在_____或_____内，麻花钻安装在车床的_____内。钻孔前，首先进行_____，然后钻中心孔，再将孔钻出。

3. 当孔径大于_____mm时，一般需要安排扩孔工序。与钻孔相比，扩孔钻的中心不切削，_____横刃，容屑槽浅，钻芯_____，切削深度也大大_____，改善了加工条件。故扩孔的进给量较钻孔_____，而切削深度较钻孔_____。

4. 标准麻花钻切削刃上各点前角是变化的。从外缘到钻心，前角由_____逐渐变_____，直至_____。

5. 铰刀的种类按使用方式可分为_____铰刀和_____铰刀；按铰孔形状分为_____铰刀和_____铰刀；按结构分为_____铰刀和_____铰刀。

6. 零件内圆表面磨削方法有_____、_____及_____三种，磨削孔和孔内台阶面可使用_____砂轮。

7. 孔常用的精加工方法有_____、_____、_____、_____等。

8. 研磨实际上包含了_____和_____的综合作用。

9. 圆孔拉刀结构由_____、颈部、过渡锥、_____、_____、_____、后导部组成。

10. 孔内键槽在单件小批生产时宜用_____方法加工。在大批量生产时_____方法加工可获得高的加工精度和生产率。

11. 固定式钻模用于立式钻床上加工_____或在摇臂钻床上加工_____。

12. 钻套导向孔直径 d 和钻套导向高度 H 间的比例，一般控制为 $H/d=$_____，而排屑间隙一般在加工铸铁时，$h=$_____d，加工钢件时，$h=$_____d。

13. 当钻模板妨碍_____或钻孔后需_____等时，可采用铰链式钻模板。铰链销与钻模板的销孔采用_____配合，销与铰链座孔采用_____配合。钻模板与铰链座凹槽的配合一般采用_____配合，精度要求高时应配制并保证间隙在_____内。

14. 盖板式钻模一般多用于加工_____工件上的_____。因夹具在使用过程中要经常搬运，故其质量不宜超过_____。

15. 设计钻套时，钻套的内孔直径的公称尺寸等于所用刀具的_____极限尺寸，其公差常根据所用刀具和加工精度来进行选择，钻扩时选用_____，粗铰时选用_____，精铰时选用 G6。钻套与刀具的配合按_____来选取，若为刀具的导向部分，则可按_____选取。若采用标准铰刀铰 H7 或 H9 的孔时，可直接按孔的公称尺寸，选用_____作为钻套的公差带。

16. 孔内键槽在单件小批生产时宜用_____方法加工，在大批量生产时用_____方法加工可获得较高的加工精度和生产率。

17. 铰孔时加工余量过小，则上道工序的_____，影响粗糙度；过大，则温升高，导致_____，使切屑增多擦伤已加工表面，一般余量为_____，精铰时为_____。

18. 高速钢铰刀铰孔时一般会发生_____，而硬质合金铰刀铰孔时会出现_____，因而在选择铰刀的上、下偏差时就考虑_____、_____及备磨量。

19. 设计钻套时，可换钻套与衬套间采用_____或_____配合，衬套与钻模板间采用_____或_____配合。

二、判断题（正确的打√，错误的打×）

1. 刃磨钻头两主后刀面后，应检查 2ϕ 及 Ψ。 （ ）
2. 复合刀具制造成本高，耐用度应制订得高些。 （ ）
3. 钻削高强度钢和铸铁应选用大螺旋角的麻花钻。 （ ）
4. 群钻的主切削刃分成几段的作用是：利于分屑、断屑和排屑。 （ ）
5. 以工件回转方式钻孔，孔轴线的直线度精度较高；以麻花钻回转方式钻孔，则孔的尺寸精度较高。 （ ）
6. 铰孔能提高孔的尺寸精度及降低表面粗糙度值，还能修正孔心线的偏斜及位置误差。 （ ）
7. 镗孔加工可提高孔的位置精度。 （ ）
8. 浮动镗削时若采用刚性好的镗杆可得到很高的孔的位置精度，并可修正孔的轴线误差。 （ ）
9. 内圆磨削用的砂轮硬度一般应高于外圆磨削用的砂轮硬度，因后者散热条件好。 （ ）
10. 铸铁油缸，在大批量生产条件下，仅为了使其内孔表面粗糙度进一步降低，则可采用生产率较高的滚压工艺。 （ ）
11. 对于淬硬类套筒零件，常采用滚压作为其精加工方法。 （ ）
12. 为提高铰削质量，常采用低速铰削。 （ ）
13. 为了提高夹具在机床上安装的稳定性和动态下的抗振性能，一般夹具的高度 H 与宽度 B 之比应限制在 $H/B \leqslant 0.5 \sim 1$ 范围内。 （ ）
14. 珩磨不能修正孔的位置偏差。 （ ）
15. 浮动镗削可获得较高的孔的尺寸精度。 （ ）
16. 为避免产生积屑瘤，铰削时应采用较高的切削速度。 （ ）

三、选择题（将正确答案的序号填在题目的空缺处）

1. 钻头的螺旋角越大，前角（   ）。
   A. 越大　　　　　B. 越小　　　　　C. 没有关系

2. 深孔加工应采用（   ）方式进行。
   A. 工件旋转　　　B. 刀具旋转　　　C. 任意

3. 在实心工件上钻孔时，背吃刀量是钻头直径的（　　）。
   A. 1/3　　　　　　B. 1/2　　　　　　C. 1/4
4. 当钻孔的尺寸精度较高，表面粗糙度值较小时，加工中应取（　　）。
   A. 较大的进给量和较小的切削速度
   B. 较小的进给量和较大的切削速度
   C. 较大的背吃刀量
5. 拉削孔时孔的长度一般不超过孔径的（　　）。
   A. 1 倍　　　　　　B. 2 倍　　　　　　C. 3 倍
6. 某型柴油机汽缸套内孔技术要求为 $\phi 110H7$、$Ra=0.2\mu m$，内孔表面除菱形网纹外不允许有其他拉痕，该内孔的终加工方法可选（　　）。
   A. 研磨　　　　B. 珩磨　　　　C. 抛光　　　　D. 磨孔
7. 卧式镗床上镗孔，为提高精度，镗杆与机床主轴常用（　　）连接方式。
   A. 刚性　　　　B. 浮动　　　　C. 螺纹
8. 用标准铰刀铰削 $H7\sim H8$、$D<40mm$、$Ra=1.25\mu m$ 的内孔，其工艺过程一般是（　　）。
   A. 钻孔→扩孔→铰孔　　　　　　B. 钻孔→扩孔→粗铰→精铰
   C. 钻孔→扩孔　　　　　　　　　D. 钻孔→铰孔
9. 光整加工必须在（　　）和（　　）基础上进行。
   A. 车削　　　　B. 钻削　　　　C. 粗磨　　　　D. 精磨
10. 在大批量生产中，加工各种形状的通孔常用的方法是（　　）。
    A. 铣削　　　　B. 插削　　　　C. 拉削　　　　D. 镗削
11. 铰削铸铁类零件上的孔时，应选用（　　）切削液。
    A. 乳化液　　　B. 切削油　　　C. 水溶液　　　D. 煤油
12. 箱体上 $\phi 100H7$ 的孔，常选用（　　）加工方案。
    A. 钻→扩→铰　　　　　　　　　B. 钻→拉
    C. 粗镗→半精镗→精镗　　　　　D. 钻→扩→磨
13. 直径较小的淬硬孔可选择（　　）加工方案。
    A. 钻→扩→铰　　B. 钻→拉　　C. 钻→扩→磨　　D. 粗镗→半精镗→精镗
14. 某铸铁箱体零件上有一个 $\phi 100H7$ 的孔，按其加工精度可采用（　　）加工方案。
    A. 钻→扩→粗铰→精铰　　　　　B. 粗镗→半精镗→精镗
    C. 粗镗→半精镗→粗磨→精磨　　D. 钻→拉
15. 油缸上 $\phi 60H7$ 铜套孔，可选用（　　）方法作为孔的终加工。
    A. 精细镗　　　B. 铰　　　　　C. 磨　　　　　D. 研磨

四、问答题

1. 简述标准麻花钻的缺陷及修磨措施。
2. 刃磨麻花钻时，主切削刃上各点后角是如何变化的？说明理由。
3. 保证套筒零件位置精度的方法有哪几种？试举例说明各种方法的特点及适应条件。
4. 试分析比较内孔与外圆磨削的不同点。（提示：①表面粗糙度；②磨削精度的控制；③生产率）
5. 加工薄壁套筒零件时，工艺上采取哪些措施防止受力变形？

6. 设计钻模板应注意哪些问题？

7. 钻套有几种类型？主要应用在什么场合？

8. 主轴送进镗削法与工作台送进镗削法各有什么特点？

9. 珩磨时，珩磨头与机床主轴为何作浮动连接？珩磨能否提高孔与其他表面之间的位置精度？

10. 钻孔、扩孔和铰孔的刀具结构、加工质量和工艺特点有何不同？钻、扩、铰可在哪些机床上进行？

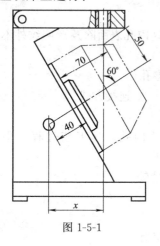

图 1-5-1

五、计算分析题

1. 决定铰刀直径和公差时应考虑哪些问题？现欲加工孔 $\phi25^{+0.07}_{+0.02}$ mm，已知铰刀最大扩张量为 0.015mm，铰刀制造公差为 0.015mm，试决定该铰刀的制造直径尺寸及公差。

2. 斜孔钻模上为何要设置工艺孔？试计算如图 1-5-1 所示的工艺孔到钻套轴线的距离 x。

3. 被加工孔为"$\phi16H9$"，工艺路线为钻→扩→铰，现确定选用 $\phi15.2$mm 标准麻花钻钻孔，再用 $\phi16$mm 的 1 号扩孔钻扩孔，最后用"$\phi16H9$"的标准铰刀铰孔，试分析各工步所用快速钻套内孔的尺寸与公差带。

六、综合应用题

1. 在图 1-5-2 所示支架上加工"$\phi9H7$"孔，其他表面均已加工好。试设计所需的钻模（只画草图）。

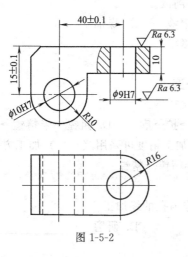

图 1-5-2

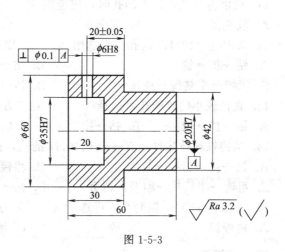

图 1-5-3

2. 如图 1-5-3 所示工件，试编制其机械加工工艺过程，并设计钻、铰 $\phi6H8$mm 孔用钻夹具。

3. 如图 1-5-4 中（a）为钻孔工序简图、（b）为钻夹具简图，在夹具简图上标出影响加工精度的三类尺寸及偏差。

4. 如图 1-5-5（a）所示的一批工件，工件上四个表面均已加工，现采用如图 1-5-5（b）所示的钻夹具加工两平行孔 $\phi8^{+0.04}_{0}$mm，试分析该夹具存在的主要错误。

第五章 套筒类零件加工工艺及常用工艺装备 | 31

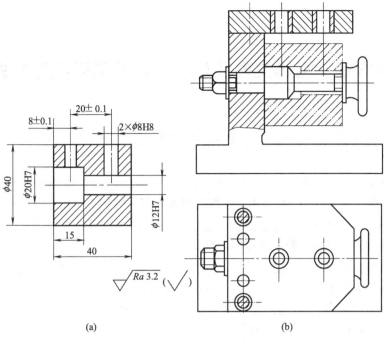

图 1-5-4

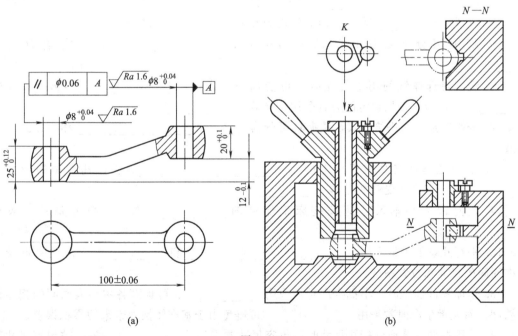

图 1-5-5

第六章　箱体类零件加工工艺及常用工艺装备

一、填空题

1. 箱体上一系列有_____要求的孔称为孔系。孔系一般可分为_____、_____和_____。

2. 常用的平面加工方法有刨、铣、磨等，其中_____常用于平面的精加工，而_____和_____则常用于平面的粗加工和半精加工。

3. 铣削用量四要素为_____、_____、_____和_____。

4. 多点联动夹紧机构中缺一不可的元件是_____。

5. 箱体材料一般选用_____，负荷大的主轴箱材料也可采用_____。

6. 铣削的主运动是_____，进给运动是_____。

7. 平面磨削方式有_____和_____两种，相比较而言_____的加工精度和表面质量更高，但生产率较低。

8. 铣刀的种类很多，按其齿背形式可分为_____和_____两大类。

9. 立铣刀一般有_____个刀齿，其圆柱面上的切削刃为_____，而端面上的切削刃为_____，工作时只能沿刀具的_____进给。

10. 切削刃分布在圆周表面的切削方式为_____，分布在端面上的为_____。

11. 铣削时选择铣削用量首先应尽可能选择较大的_____，再选择较大的_____，最后根据选定的刀具耐用度计算_____。

12. 按铣床加工的进给方式，铣夹具可分为_____、_____和靠模式三种类型。

13. 定向键是铣夹具在机床上的_____元件，其常用的断面为_____，它可承受铣削时的_____。

14. 定向键的基本尺寸应按铣床工作台的_____选定，而公差带一般选用_____。

15. 平行孔系加工常采用_____、_____和_____来保证孔间及与基准面间的尺寸和位置精度。

16. 箱体零件加工时，小批生产时常采用_____，可提高各主要表面间的相互位置精度；而大批生产时常采用_____，可避免由于基准转换而带来的累积误差。

17. 采用单向入体原则标注尺寸时，包容尺寸常采用_____为零，被包容尺寸其_____为零，对于距离尺寸常采用_____标注。

18. 镗孔时进给方式有_____和_____。若镗杆与机床主轴间采用_____连接时，进给方式对孔系加工精度影响较小，而采用_____连接时则对孔系加工精度影响较大。

19. 刨削加工是在刨床上进行。常用的刨床有_____和_____，牛头刨用来加工_____零件，龙门刨用于加工_____零件或同时加工多个中型零件。

二、判断题（正确的打√，错误的打×）

1. 设计箱体零件加工工艺时，应采用基准统一原则。（ ）
2. 工件表面有硬皮时，应采用顺铣法加工。（ ）
3. 键槽铣刀的端面切削刃是主切削刃，圆周切削刃是副切削刃。（ ）
4. 硬质合金浮动镗刀能修正孔的位置误差。（ ）
5. 采用宽刃刀精刨，可获得与刮研相近的精度。（ ）
6. 在淬火后的工件上通过刮研可以获得较高的形状和位置精度。（ ）
7. 平面磨削的加工质量比刨削和铣削都高，还可以加工淬硬零件。（ ）
8. 回转式镗套只适宜在低速的情况下工作。（ ）
9. 因刨床加工效率低，因而平面的加工一般选择铣削加工。（ ）
10. 铣床上没有丝杠螺母间隙消除装置时，宜采用逆铣加工。（ ）
11. 周铣时采用顺铣比逆铣能获得较高的表面质量。（ ）
12. 粗加工时应选择齿数相对较少的铣刀。（ ）
13. 双支承镗模加工时，为保证镗杆的刚性，其与主轴采用刚性连接。（ ）
14. 刨削加工只能获得较低的加工精度。（ ）

三、选择题

1. 下列哪一种刀具不适宜进行沟槽的铣削？（   ）。
   A. 立铣刀　　　　B. 圆柱形铣刀　　　C. 锯片铣刀　　　　D. 三面刃铣刀
2. 在平面磨床上磨削工件的平面时，不能采用下列哪一种定位？（   ）。
   A. 完全定位　　　　　　　　　B. 不完全定位
   C. 过定位　　　　　　　　　　D. 欠定位
3. 平面光整加工能够（   ）。
   A. 提高加工效率　　　　　　　B. 修正位置偏差
   C. 提高表面质量　　　　　　　D. 改善形状精度
4. 采用镗模法加工箱体孔系，其加工精度主要取决于（   ）。
   A. 机床主轴回转精度　　　　　B. 机床导轨的直线度
   C. 镗模的精度　　　　　　　　D. 机床导轨的平面度
5. 箱体类零件常以一面两孔定位，相应的定位元件是（   ）。
   A. 一个平面、两个短圆柱销
   B. 一个平面、一个短圆柱销、一个短菱形销
   C. 一个平面、两个长圆柱销
   D. 一个平面、一个长圆柱销、一个短圆柱销
6. 数控铣床加工小平面时一般选用下列哪种刀具进行铣削？（   ）。
   A. 立铣刀　　　　B. 圆柱形铣刀　　　C. 锯片铣刀　　　　D. 三面刃铣刀
7. 对淬硬工件的平面精加工时应选择下列哪种加工方式？（   ）。
   A. 精细刨　　　　B. 平面磨削　　　　C. 精铣　　　　　　D. 刮研
8. 对铸铝合金精加工时应选用下列哪种加工方法？（   ）。
   A. 磨削　　　　　B. 精铣　　　　　　C. 刮研　　　　　　D. 滚压
9. 工件表面需要铣削宽度为 20mm、H9 级精度的直槽（通槽），应选用下列哪种刀具？（   ）

A. 尖齿槽铣刀　　　B. 直齿三面刃铣刀　　C. 键槽铣刀　　　D. 圆柱铣刀

10. 下列哪种铣刀适合曲面的加工？（　　）。

A. 三面刃铣刀　　　B. 立铣刀　　　　　C. 面铣刀　　　　D. 圆柱形铣刀

11. 设计铣夹具定位键时其与铣床工作台T形槽间常选用的配合为（　　）。

A. 小间隙配合　　　B. 小过盈配合　　　C. 大过渡配合　　D. 大间隙配合

12. 设计镗夹具时，镗套与镗杆间常采用哪种配合？（　　）。

A. 小间隙配合　　　B. 小过渡配合　　　C. 小过盈配合　　D. 大间隙配合

13. 镗套衬套与导向支架间常采用哪种配合？（　　）。

A. 小间隙配合　　　B. 小过渡配合　　　C. 小过盈配合　　D. 大间隙配合

14. 高精度箱体零件在毛坯制造后，常采用哪种热处理方法进行热处理？（　　）。

A. 自然时效　　　　B. 人工时效　　　　C. 正火　　　　　D. 退火

15. 箱体材料常选用HT200，主要原因是此材料具有（　　）的特点。

A. 易加工　　　　　B. 成本低　　　　　C. 吸振性　　　　D. 变形小

四、简答题

1. 箱体类零件的结构特点及主要技术要求有哪些？这些要求对保证箱体零件在机器中的作用和机器的性能有哪些影响？

2. 平面刨削与铣削的特点有哪些不同？

3. 什么是顺铣和逆铣？各有什么特点？应用在何种条件下？

4. 镗模导向装置的布置方式有哪些？各有何特点？

在卧式镗床上加工箱体上的孔，可采用图1-6-1所示的几种方案：图1-6-1（a）为工件进给，图1-6-1（b）为镗杆进给，图1-6-1（c）为工件进给、镗杆加后支承，图1-6-1（d）为镗杆进给并加后支承，图1-6-1（e）为采用镗模夹具、工件进给等。若只考虑镗杆受切削力变形的影响，试分析各种方案加工后箱体孔的加工误差。

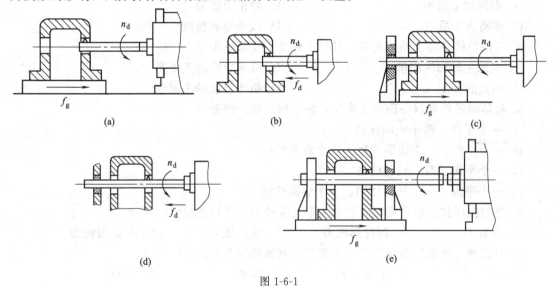

图 1-6-1

5. 箱体加工顺序安排中应遵循哪些基本原则？为什么？

6. 箱体加工的粗基准选择主要考虑哪些问题？生产批量不同时，工件的安装方式有何不同？

7. 试举例比较在选择精基准时采用"一面两孔"或"三面定位"两种方案定位的优缺点和适用场合。

8. 有一工件表面需要铣削宽度为 20mm、H9 级精度的直槽（通槽），现有尖齿槽铣刀、直齿三面刃铣刀和键槽铣刀可供选择，应选择哪种铣刀？为什么？

9. 在铣床夹具中使用对刀块和塞尺起什么作用？由于使用了塞尺对刀，对调刀尺寸的计算产生什么影响？

10. 如何确定铣夹具与机床间的安装？

11. 从结构上看，镗套有哪些种类？各有什么特点？如何选用？

五、计算分析题

1. 在坐标镗床上镗如图 1-6-2 所示的两孔，要求两孔中心距 $\overline{O_1O_2} = (100 \pm 0.1)\text{mm}$，$\alpha = 30°$，镗孔时按坐标尺寸 A_x 和 A_y 调整。试计算 A_x 和 A_y 及其公差。

2. 在坐标镗床上加工镗模的三个孔，其中心距如图 1-6-3 所示。各孔的加工次序为先镗孔 I，然后以孔 I 为基准，分别按坐标尺寸镗孔 II 和孔 III。试按等公差法计算，确定各孔间的坐标尺寸及其公差。

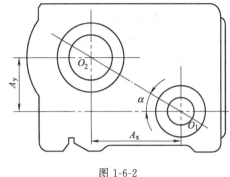

图 1-6-2

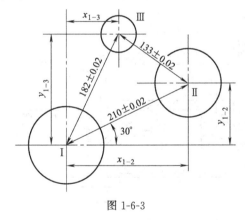

图 1-6-3

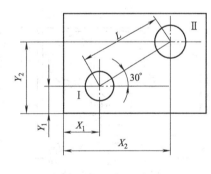

图 1-6-4

3. 制造箱体零件时需在镗床上用坐标法镗两孔，如图 1-6-4 所示，已知孔 I 的坐标尺寸为 $X_1 = 180\text{mm}$，$Y_1 = 130\text{mm}$，两孔的孔距 $L = (200 \pm 0.1)\text{mm}$，试按等公差法计算确定孔 II 的坐标尺寸 X_2、Y_2 及其公差。

4. 试为图 1-6-5 所示星轮零件的铣 $24.3_{-0.03}^{0}\text{mm}$ 三个槽的工序设计一套带分度装置的铣夹具。工件材料 40Cr，中批生产。$\phi 28\text{H7}$ 孔及各外圆、端面均已加工完成。

六、综合应用题

1. 对下列平面选用适宜的加工方法和加工设备：①100mm×300mm，$Ra3.2\mu m$ 的矩形平面；②单件小批生产的齿轮内孔的键槽；③光轴上加工平面槽；④车床的导轨面；⑤单件小批生产箱体上 $\phi 100\text{mm}$、$Ra3.2\mu m$ 的孔。

2. 试编制如图 1-6-6 所示中型外圆磨床尾座机械加工工艺规程。生产类型为中批生产，材料为 HT200。

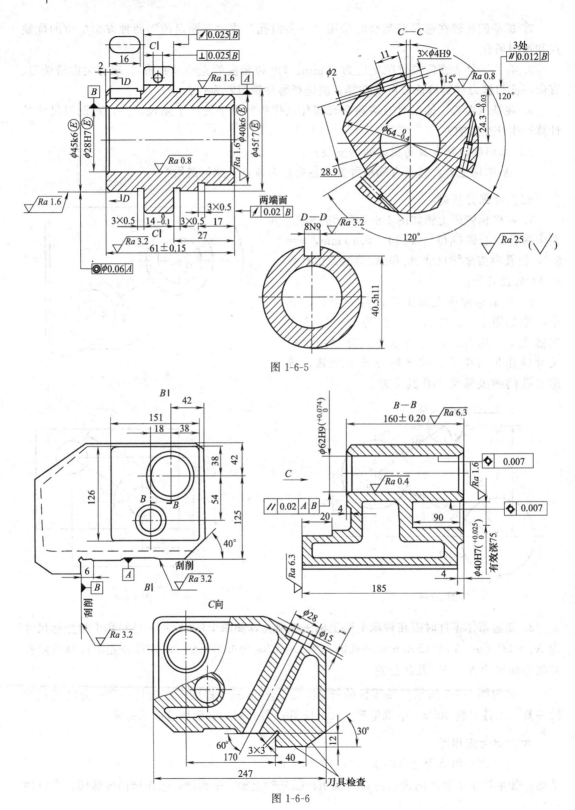

图 1-6-5

图 1-6-6

3. 有一批如图 1-6-7（a）所示的工件，孔 $\phi 12^{+0.04}_{0}$ mm 及其两端面均已加工，现采用图 1-6-7（b）所示夹具铣平面 A，试分析指出该夹具存在的主要错误。

第六章 箱体类零件加工工艺及常用工艺装备

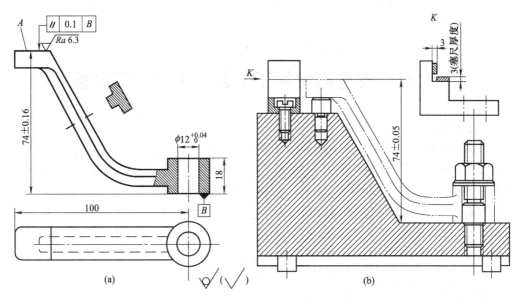

图 1-6-7

第七章　圆柱齿轮加工工艺及常用工艺装备

一、填空题

1. 齿形的切削加工，按加工原理不同可分为两大类：_____，_____。
2. 直齿圆柱齿轮的铣削常用_____铣刀或_____铣刀进行。当加工模数大于 8mm 的齿轮时，一般选用_____铣刀进行加工。
3. 滚齿加工时，齿形的形成应由_____运动获得，完成齿宽方向的加工由_____运动获得。
4. 滚刀精度有 AA 级、_____级、_____级和 C 级，可分别加工出 6～7 级、_____、_____、9～10 级齿轮。
5. 在齿轮精加工中，磨齿生产率远比_____和珩齿低。
6. 利用展成原理加工齿轮的方法有_____、_____、_____、_____、珩齿和磨齿等。
7. 插齿时，为保证插齿刀与工件正确的啮合关系，应具备_____运动，为了避免刀具擦伤已加工的齿面，应具备_____运动。
8. 给下列齿轮选择用展成法加工齿形的方法：螺旋齿轮选用_____；双联小齿轮选用_____；内齿轮选用_____；蜗轮选用_____。
9. 齿轮的传动精度有_____、_____、_____和_____。
10. 为了保证齿轮传动时必要的齿隙，通常是适当_____，控制_____和中心距偏差。
11. 大批大量加工中等尺寸齿坯时采用_____的工艺方案：以毛坯定位钻孔，以端面支承进行_____，以孔定位加工外圆。
12. 中批生产齿坯时，常采用_____的工艺方案：以_____定位车内孔，以_____定位拉内孔或花键孔，以内孔定位精车_____。
13. 单件小批生产齿坯时，为保证相互间的_____，应将内孔和基准端面的精加工在_____完成。
14. 每种刀号的齿轮铣刀刀齿形状均按所加工齿数范围内_____设计，加工其他齿数齿轮就会有一定的_____产生。
15. 滚刀与被加工齿轮间相对位置的变化产生齿轮的_____，而相对运动的变化产生齿轮的_____。
16. 齿轮精加工时应对基准孔进行修正，对成批生产外径定心的花键孔、未淬硬的圆柱孔常用_____，对淬硬内孔或较大内孔常用_____。

二、判断题（正确的打√，错误的打×）

1. 滚切法既可加工直齿和斜齿圆柱齿轮，也可加工蜗轮。　　　　　　　　（　　）
2. 插齿是一种成形法齿形加工。　　　　　　　　　　　　　　　　　　　（　　）
3. 成形法铣削齿轮需经常调整切削深度，辅助时间长，因此生产率低。　　（　　）
4. 齿面的插削与滚削同样具有高精度、高生产率。　　　　　　　　　　　（　　）

5. 滚切直齿圆柱齿轮时，滚刀必须有一定的安装角度，其倾斜方向视所用滚刀的螺旋方向而定。（   ）
6. 采用展成法，一把刀具可以加工相同模数的不同齿数的齿轮。（   ）
7. 内齿轮可用滚齿加工，齿条应使用铣齿加工。（   ）
8. 影响齿轮传动准确性的主要原因是在加工中滚刀和被切齿轮的相对位置和相对运动发生了变化。（   ）
9. 为提高齿轮的运动精度，齿轮齿形加工时一般选用插齿→剃齿→珩齿。（   ）
10. 为节约刀具成本，设计成形铣刀时可按加工齿轮的平均齿数来设计刀齿形状。（   ）
11. 为了提高滚齿的加工精度和齿面质量，宜将粗精滚齿分开。（   ）
12. 影响齿轮传动工作平稳性的主要因素是齿轮的齿形误差。（   ）
13. 当齿轮精度要求较高时，可采用大直径滚刀进行滚齿。（   ）
14. 剃齿可修正齿轮的切向误差。（   ）
15. 剃齿加工可修正齿轮公法线长度变动量。（   ）
16. 珩齿可在较大程度上修正前道工序的加工误差。（   ）
17. 磨齿加工的原理是一对齿轮强制啮合方式。（   ）
18. 推孔可作为齿轮未淬硬内孔的精加工方法。（   ）
19. 增大滚刀外径可以提高齿轮的加工精度。（   ）
20. 多头滚刀可提高生产率，但加工精度较低，一般适用于粗加工。（   ）

三、选择题（将正确答案的序号填在题目的空缺处）
1. 单线滚刀实质上可以看成一个齿数为1的（   ）。
   A. 铣刀　　　　B. 螺旋齿轮　　　　C. 齿条
2. 同模数的齿轮齿形不是固定不变的。所以会发生变化，是因力随齿轮的（   ）而变化。
   A. 齿数　　　B. 齿厚　　　C. 齿高　　　D. 周节
3. 设 n_0、n 分别为滚刀和工件的转速，z_0、z 分别为滚刀和工件的齿数，滚齿加工时，滚刀和被加工齿轮必须保持的啮合运动关系是（   ）。
   A. $n_0/z_0 = n/z$　　　　　　B. $n/n_0 = z/z_0$
   C. $n/z_0 = z/n_0$　　　　　　D. $n_0/n = z/z_0$
4. 渐开线圆柱齿轮齿形的无切削加工方法有（   ）。
   A. 珩齿　　　B. 精密铸造　　　C. 粉末冶金　　　D. 冷轧
5. 珩齿加工与剃齿加工的主要区别是（   ）。
   A. 刀具不同　　　　　　　　B. 成形原理不同
   C. 所用齿坯形状不同　　　　D. 运动关系不同
6. 在滚齿机上用齿轮滚刀加工齿轮的原理，相当于一对（   ）的啮合过程。
   A. 圆柱齿轮　　　　　　　　B. 圆柱螺旋齿轮
   C. 锥齿轮　　　　　　　　　D. 螺旋锥齿轮
7. 剃齿能提高齿轮的（   ）精度，但不能提高（   ）精度。因滚齿的运动精度好，故剃齿前一般采用滚齿作为齿圈粗加工方法。
   A. ΔF_r　　　　B. ΔF_w
8. 滚刀轴线必须倾斜，用以保证（   ）。

A. 刀具螺旋升角与工件螺旋角相等
B. 刀齿切削方向与工件轮齿方向一致
C. 刀具旋向与工件旋向一致

9. 分度齿轮对于传动要求较高，在对其检测时主要要求（　　）。
A. 传递运动的准确性　　　　　B. 传递运动的平稳性
C. 载荷分布均匀性　　　　　　D. 传动侧隙合理性

10. 载荷较小的正反转齿轮对（　　）要求较高。
A. 传递运动的准确性　　　　　B. 传递运动的平稳性
C. 载荷分布均匀性　　　　　　D. 传动侧隙合理性

11. 低速重载齿轮其对（　　）要求较高。
A. 传递运动的准确性和平稳性　　B. 传递运动的平稳性和载荷分布均匀性
C. 载荷分布均匀性和传递运动的准确性　D. 传动侧隙合理性和载荷分布均匀性

12. 齿轮在有冲击载荷的工况条件下，其材料可选用（　　）。
A. 18CrMnTi　　B. 40Cr　　C. 45钢　　D. 38CrMoAlA

13. 用于高速传动的齿轮，其材料可选用（　　）。
A. 18CrMnTi　　B. 40Cr　　C. 45钢　　D. 38CrMoAlA

14. 大批量生产 $m=3mm$，$z=60$ 有冲击的齿轮，常选用（　　）毛坯制造形式。
A. 模锻　　B. 铸造　　C. 轧钢件　　D. 自由锻

15. 成形法加工 $m=3mm$ 的外齿轮，可选用（　　）。
A. 指状铣刀　　B. 盘形铣刀　　C. 齿轮拉刀

16. （　　）加工方法获得的齿面表面粗糙度值最大。
A. 滚齿　　B. 剃齿　　C. 插齿　　D. 珩齿

17. 每种刀号的齿轮铣刀刀齿形状按加工齿数范围中的（　　）设计。
A. 最小齿数　　B. 最大齿数　　C. 平均齿数

18. 对运动精度要求较高的齿轮，可选用（　　）法作为齿轮的粗加工。
A. 滚齿　　B. 成形法加工　　C. 插齿　　D. 剃齿

19. （　　）加工方法对误差修正能力较强。
A. 剃齿　　B. 磨齿　　C. 珩齿　　D. 插齿

20. 滚刀在滚齿机心轴上安装是否正确，是利用滚刀的（　　）来进行检验的。
A. 两端轴台的径向跳动　　　　B. 两端轴台的轴向跳动
C. 试切　　　　　　　　　　D. 内孔径向跳动

四、问答题

1. 齿轮传动的基本要求有哪几方面？试举例说明这些要求对齿轮传动质量的影响。
2. 齿形加工精基准有哪些方案？它们各有什么特点？对齿坯加工的要求有何不同？齿轮淬火前精基准的加工与淬火后精基准的修正通常采用什么方法？
3. 试说明仿形法切齿的实质、工艺特点及适用场合。若用模数铣刀铣直齿或斜齿的齿槽时，应如何选取铣刀刀号？
4. 滚齿机工作台分度蜗轮若有制造和安装误差，齿坯有制造和安装误差，夹具心轴也有制造和安装误差，试比较三者所造成的齿轮加工误差有何异同点？
5. 为滚切高精度齿轮，若其他条件相同，应选取下列情况下的哪一种？为什么？
（1）单头滚刀和双头滚刀；（提示：从滚刀本身制造精度考虑）

(2) 大直径滚刀和小直径滚刀；（提示：从滚刀本身切削段上的刀齿数、造型误差考虑）

(3) 标准长度滚刀或加长长度（为标准长度的1.5倍）滚刀；（提示：从耐用度方面考虑）

(4) 顺滚或逆滚。（提示：从表面加工质量考虑）

6. 度量用的标准齿轮的齿形精加工，应采用剃齿、珩齿或磨齿中哪一种方案？为什么？

7. 试分析插齿和滚齿的共同点和不同点？

8. 珩齿加工的齿形表面质量高于剃齿，而修正误差的能力低于剃齿是什么原因？

9. 齿轮齿坯加工工艺方案与生产类型有什么关系？

10. 滚切齿轮时产生齿轮径向误差的主要原因有哪些？

11. 加工模数 $m=3\text{mm}$ 的直齿圆柱齿轮，齿数 $z_1=26$，$z_2=34$，试选择盘形齿轮铣刀的刀号。在相同的切削条件下，哪个齿轮的加工精度高？为什么？

12. 加工一个模数 $m=5\text{mm}$、齿数 $z=40$、螺旋角 $\beta=15°$ 的斜齿圆柱齿轮，应选何种刀号的盘形齿轮铣刀？

五、综合应用题

1. 试编制图 1-7-1 所示 CA6140 主轴箱中双联齿轮的机械加工工艺过程。材料 40Cr，大批生产。

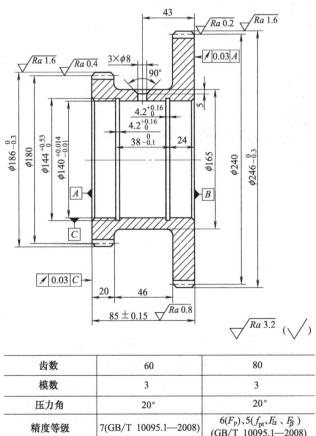

齿数	60	80
模数	3	3
压力角	20°	20°
精度等级	7(GB/T 10095.1—2008)	6(F_P)、5(f_{pt},F_α,F_β)(GB/T 10095.1—2008)

图 1-7-1

2. 如图 1-7-2 为一成批生产的双联齿轮，材料为 40Cr，精度为 7 级，请编制该齿轮的加工工艺过程。

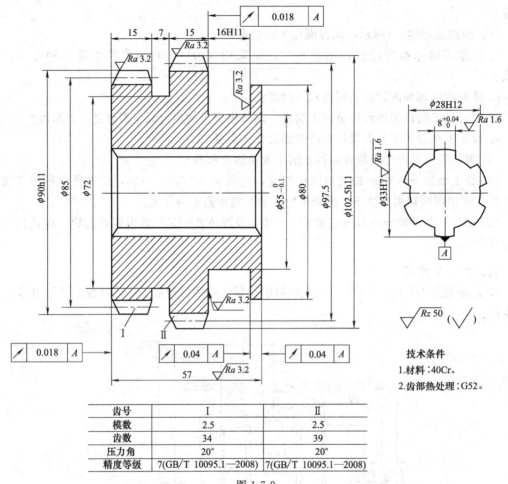

齿号	I	II
模数	2.5	2.5
齿数	34	39
压力角	20°	20°
精度等级	7(GB/T 10095.1—2008)	7(GB/T 10095.1—2008)

图 1-7-2

技术条件
1. 材料：40Cr。
2. 齿部热处理：G52。

第八章 现代加工工艺及工艺装备

一、填空题

1. 电火花加工是在_____之中，通过工具与工件之间的_____作用，对工件进行加工的方法。
2. 电火花加工的工艺指标，可归纳为_____、_____、_____。影响这些指标的工艺因素有_____、_____、_____。
3. 成组夹具是成组工艺中为_____设计的夹具。成组夹具加工的零件应符合_____原则。
4. 组合夹具是_____、_____、_____程度很高的夹具。
5. 数控机床上应尽量选用_____夹具、_____夹具、_____夹具。
6. 编制成组工艺的方法有_____、_____。
7. 成组加工系统的基本形式有_____、_____。
8. 对于工艺设计过程，形成零件族的通用规则_____。其划分方法有_____、_____和_____三种。
9. 修订式系统数据库建立的三种方法为_____、_____、_____。
10. 现代制造技术 5 个明显的特征是_____、_____、_____、_____、_____。

二、判断题（正确的打√，错误的打×）

1. 电蚀加工中，工件和刀具都会被蚀除。   （   ）
2. 电解加工时，工具作为负极一般不会腐蚀。   （   ）
3. 电解加工生产率比电火花加工高。   （   ）
4. 数控机床夹具的夹紧位置应灵活多变。   （   ）
5. 对回转体零件，在成组工艺设计时，采用复合路线法较为方便。（   ）

三、简答题

1. 试说明电火花加工、电解加工的基本原理。
2. 为保证电蚀加工的顺利进行，必须注意哪些问题？
3. 线切割加工的基本原理是什么？它与电火花穿孔、成形加工相比有何特点？
4. 通用可调夹具与成组夹具有什么共同的特点？又有什么区别？
5. 什么是成组工艺的相似原则？如何设计成组夹具？
6. 数控机床夹具有什么特点？
7. 什么是成组技术？成组技术的基本原理是什么？
8. 什么是复合路线法？它的应用场合是什么？
9. 什么是复合零件法？它的应用场合是什么？
10. 什么是修正式 CAPP 系统？它的工作原理是什么？
11. 什么是创成 CAPP 系统？简述它的工作原理。
12. 简要说明现代制造技术的内涵和特点。

13. 什么是 CIM 和 CIMS?

四、综合应用题

1. 用 JLBM-1 系统编出图 1-8-1 所示各零件的形状码，并分别确定两组零件的典型代表件。

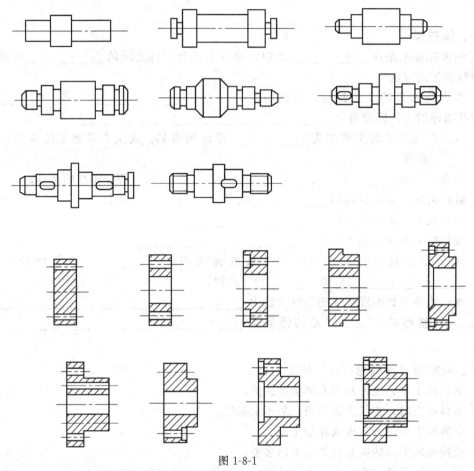

图 1-8-1

2. 用 JLBM-1 系统对图示零件进行编码。

(1) 图 1-8-2 零件材料为 45 钢，毛坯为锻件，无热处理。

(2) 图 1-8-3 零件材料为灰铸铁，毛坯为铸铁，无热处理。

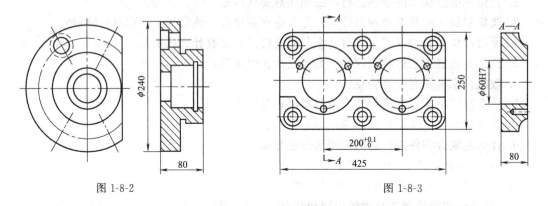

图 1-8-2   图 1-8-3

第九章 机械装配工艺基础

一、填空题
1. 机器的质量主要取决于机器设计的正确性、零件加工质量和_____。
2. 保证装配精度的方法有互换法、选配法、_____和_____。
3. 查找装配尺寸链时，每个相关零、部件能有_____个尺寸作为组成环列入装配尺寸链。
4. 产品的装配精度包括尺寸精度、位置精度、_____和_____。
5. 采用更换不同尺寸的调整件以保证装配精度的方法叫做_____调整法。
6. 装配尺寸链中，互换法：①极值法适用于_____场合；②概率法适用于_____场合。
7. 机械的装配精度不但取决于_____，而且取决于_____。
8. 互换法就是在装配时各配合零件不经_____或_____即可达到装配精度的方法。

二、判断题（正确的打√，错误的打×）
1. 在查找装配尺寸链时，一个相关零件有时可有两个尺寸作为组成环列入装配尺寸链。（ ）
2. 一般在装配精度要求较高而环数又较多的情况下，应用极值法来计算装配尺寸链。（ ）
3. 修配法主要用于单件、成批生产中装配组成环较多而装配精度又要求比较高的部件。（ ）
4. 调整装配法与修配法的区别是调整装配法是不去除金属，而采用改变补偿件的位置或更换补偿件的措施以保证装配精度的一种装配方法。（ ）
5. 协调环（相依环）是根据装配精度指标确定组成环公差。（ ）
6. 采用分组互换法（即分组选配法），装配时按对应组装配。对于不同组，由于 $T_孔$ 与 $T_轴$ 不等，因此得出的最大与最小间隙也会不同，从而使得配合性质也不同。（ ）

三、选择题（将正确答案的序号填在空格中）
1. 用完全互换法装配机器一般适用于（　　）的场合。
   A. 大批大量生产　　　　　　B. 高精度多环尺寸链
   C. 高精度少环尺寸链　　　　D. 单件小批生产
2. 装配尺寸链的出现是由于装配精度与（　　）有关。
   A. 多个零件的精度　　　　　B. 一个主要零件的精度
   C. 生产量　　　　　　　　　D. 所用的装配工具
3. 互换装配法一般多用于高精度（　　）环尺寸链或低精度（　　）环尺寸链中。
   A. 多、多　　　　　　　　　B. 少、少
   C. 多、少　　　　　　　　　D. 少、多
4. 分组选配法是将组成环的公差放大到经济可行的程度，通过分组进行装配，以保证

装配精度的一种装配方法，因此它适用于组成环不多而装配精度要求高的（　　）场合。

A. 单件生产　　　　　　B. 小批生产

C. 中批生产　　　　　　D. 大批大量生产

5. 装配尺寸链的构成取决于（　　）。

A. 零部件结构的设计　　B. 工艺过程方案

C. 具体加工方法

6. 用改变零件的位置（移动、旋转或移动旋转同时进行）来达到装配精度的方法叫（　　）。

A. 可动调整法　　　　　B. 固定调整法

C. 误差抵消调整法

四、名词解释

1. 可动调整法
2. 协调环（相依环）
3. 公共环
4. 装配尺寸链组成最短原则

五、问答题

1. 说明装配尺寸链中组成环、封闭环、相依环（协调环）和公共环的含义。
2. 保证机器或部件装配精度的主要方法有几种？
3. 极值法解尺寸链与概率法解尺寸链有何不同？各用于何种情况？
4. 什么是修配法？其适用的条件是什么？采用修配法获得装配精度时，选取修配环的原则是什么？若修配环在装配尺寸链中所处的性质（指增环或减环）不同时，计算修配环尺寸的公式是否相同？为什么？
5. 什么是选配装配法？其适用的条件是什么？如果相配合工件的公差不等，采用分组互换法将产生什么后果？
6. 什么是调整法？可动调整法、固定调整法和误差抵消调整法各有什么优缺点？
7. 制订装配工艺规程的原则及原始资料是什么？制订装配工艺的步骤是什么？

六、计算题

1. 如图 1-9-1 所示 CA6140 车床主轴法兰盘装配图，根据技术要求，保持主轴前端法兰盘与床头箱端面之间的间隙在 0.38~0.95mm 范围内，试查明影响装配精度的有关零件上的尺寸，并求出有关尺寸的上、下偏差。

2. 如图 1-9-2 所示为齿轮箱部件，根据使用要求，齿轮轴肩与轴承端面间的轴向间隙应在 1~1.75mm 范围内。若已知各零件的基本尺寸为 $A_1 = 101$mm，$A_2 = 50$mm，$A_3 = A_5 = 5$mm，$A_4 = 140$mm。试确定这些尺寸的公差及偏差。

3. 如图 1-9-3 所示主轴部件，为保证弹性挡圈能顺利装入，要求保持轴向间隙为 $A_0 = 0^{+0.42}_{+0.05}$mm。已知条件：$A_1 = 32.5$mm，$A_2 =$

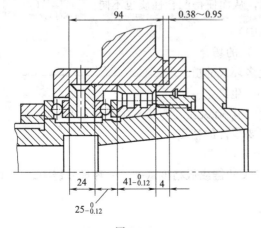

图 1-9-1

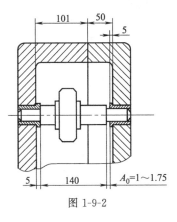

图 1-9-2

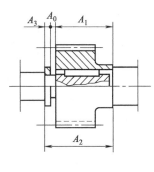

图 1-9-3

35mm，$A_3 = 2.5$mm，试计算确定各组成零件尺寸的上、下偏差。

4. 图 1-9-4 所示为键槽与键的装配尺寸结构。其尺寸是：$A_1 = 20$mm，$A_2 = 20$mm，$A_0 = 0^{+0.15}_{+0.05}$mm。

（1）当大批量生产时，采用完全互换法装配，试求各组成零件尺寸的上、下偏差。

（2）当小批量生产时，采用修配法装配，试确定修配的零件并求出各有关零件尺寸的公差。

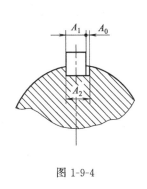

图 1-9-4

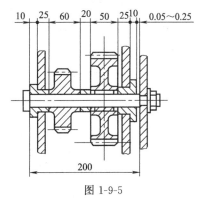

图 1-9-5

5. 图 1-9-5 所示为某一齿轮机构的局部装配图。装配后要求保证轴右端与右端轴承端面之间的间隙在 0.05～0.25mm 内，试用极值法和概率法计算各组成环的尺寸公差及上、下偏差，并比较两种方法的结果。

6. 查明图 1-9-6 所示立式铣床总装时，保证主轴回转轴线与工作台面之间垂直度精度的装配尺寸链。

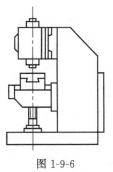

图 1-9-6

第二部分　课程设计指导书

第一章　机械加工工艺规程的编制

课程设计是进一步提高学生岗位能力的有效措施，学生通过课程设计应能更贴近于就业后岗位的实际。因此课程设计应完成如下主要内容。

1. 分析、抄画零件工作图样。
2. 确定毛坯种类、余量、形状，并绘制毛坯-零件综合图。
3. 编制机械加工工艺规程一套。
4. 机械加工工艺规程编制说明书一份。

第一节　计算生产纲领、确定生产类型

生产纲领的大小对生产组织和零件加工工艺过程起着重要的作用，它决定了各工序所需专业化和自动化的程度，决定了所应选用的工艺方法和工艺装备。

零件生产纲领可按下式计算：$N=Qn（a\%+b\%）$

根据教材[1]中生产纲领与生产类型及产品大小和复杂程度的关系，确定其生产类型。

第二节　零件的分析

一、零件的结构分析

1. 分析零件图和装配图
① 熟悉零件图，了解零件的用途及工作条件。
② 分析零件图上各项技术条件，确定主要加工表面。
2. 结构工艺性分析
① 机械加工对零件结构的要求。
② 装配、维修对零件结构的要求。

二、零件的技术要求分析

① 加工表面的尺寸精度和形状精度。
② 主要加工表面之间的相互位置精度。
③ 加工表面的粗糙度及其他方面的表面质量要求。
④ 热处理及其他要求。

---

[1] 倪森寿主编. 机械制造工艺与装备. 第3版. 北京：化学工业出版社，2009. 下同

三、确定毛坯、画毛坯-零件综合图

① 根据零件用途确定毛坯类型。
② 根据批量（生产纲领）确定毛坯制造方法。
③ 据手册查定表面加工余量及余量公差。
④ 绘毛坯-零件综合图。如图 2-1-1、图 2-1-2 所示，步骤如下。

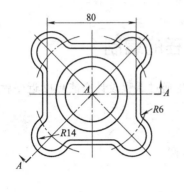

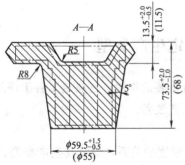

技术条件：
1. 未注圆角半径为 R2。
2. 未注模斜度为 7°。
3. 热处理 207～255HBS。

图 2-1-1 凸缘零件的毛坯-零件综合图

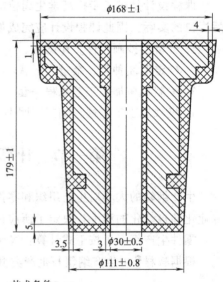

技术条件：
1. 材料 HT200，170～241HBS。
2. 未注拔模斜度为 3°。
3. 未注铸造圆角为 R4。
4. 铸造表面不允许有裂纹、缩孔等缺陷。

图 2-1-2 轴套零件的毛坯-零件综合图

a. 先用粗实线画出经简化了次要细节的零件图的主要视图，将已确定的加工余量叠加在各相应被加工表面上，即得到毛坯轮廓，用双点画线表示，比例 1:1。

b. 和一般零件图一样，为表达清楚某些内部结构，可画出必要的剖视、剖面。对于由实体上加工出来的槽和孔，可不必这样表达。

c. 在图上标出毛坯主要尺寸及公差，标出加工余量的名义尺寸。

d. 标明毛坯技术要求。如毛坯精度、热处理及硬度、圆角尺寸、拔模斜度、表面质量要求（气孔、缩孔、夹砂）等。

第三节 工艺规程设计

一、定位基准的选择

定位基准的选择对保证加工面的位置精度、确定零件加工顺序有决定性影响，同时也影响到工序数量、夹具结构等问题,因此,必须根据基准选择原则,认真分析思考。

粗、精基准选择以后,还应确定各工序加工时工件的夹紧方法、夹紧装置和夹紧力作用方向。

二、制定工艺路线

① 选择加工方法应以零件加工表面的技术条件为依据,主要是加工面的尺寸精度、形状精度、表面粗糙度,综合考虑各方面工艺因素的影响。一般是根据主要表面的技术条件先确定终加工方法,接着再确定一系列准备工序的加工方法,然后再确定其他次要表面的加工方法。

② 在各表面加工方法选定以后,就需进一步考虑这些加工方法在工艺路线中的大致顺序,以定位基准面的加工为主线,妥善安排热处理工序及其他辅助工序。

③ 排加工路线图表。

三、选择加工设备及工艺装备

① 根据零件加工精度、轮廓尺寸和批量等因素,合理确定机床种类及规格。

② 根据质量、效率和经济性选择夹具种类和数量。

③ 根据工件材料和切削用量以及生产率的要求选择刀具,应注意尽量选择标准刀具。

④ 根据批量及加工精度选择量具。

四、加工工序设计、工序尺寸计算

① 用查表法确定各工序余量。

② 当无基准转换时,工序尺寸及其公差的确定应首先明确工序的加工精度,如图 2-1-3 所示。

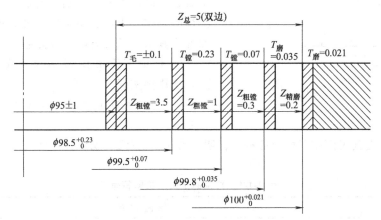

图 2-1-3 基准重合时工序尺寸与公差的确定

③ 当有基准转换时的工序尺寸及其公差应由解算工艺尺寸链获得,如图 2-1-4 所示。

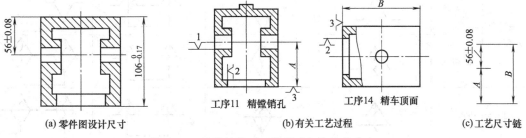

图 2-1-4 基准转换时工序尺寸与公差的确定

五、选择切削用量、确定时间定额

1. 切削用量的选择

单件小批生产时,一般可由操作工人自定,大批生产条件下,工艺规程必须给定切削用量的详细数值,选择的原则是确保质量的前提下具有较高的生产率和经济性,具体选用可参见各类工艺人员手册。

2. 时间定额的确定

见教材第二章第十二节内容。

六、填写工艺文件

1. 工艺过程综合卡片

简要写明各道工序,作为生产管理使用。

2. 工艺卡片

详细说明整个工艺过程,作为指导工人生产和帮助干部和技术人员掌握整个零件加工过程的一种工艺文件,除写明工序内容外,还应填写工序所采用的切削用量和工装设备名称、代号等。

3. 工序卡片

用于指导工人进行生产的更为详细的工艺文件,在大批量生产的关键零件的关键工序才使用。工序卡片中工序简图的要求如图 2-1-5 所示。

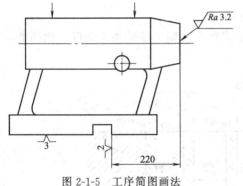

图 2-1-5　工序简图画法

① 简图可按比例缩小,用尽量少的投影视图表达。简图也可以只画出与加工部位有关的局部视图,除加工面、定位面、夹紧面、主要轮廓面外,其余线条可省略,以必需、明了为度。

② 被加工表面用粗实线(或红线)表示,其余均用细实线。

③ 应标明本工序的工序尺寸、公差及粗糙度要求。

④ 定位、夹紧表面应以规定的符号标明。表 2-1-1 摘要表示几种常见的定位、夹紧符号供参考。

表 2-1-1　常见的定位、夹紧符号

分类		标注位置			
		独立		联动	
		标注在视图轮廓线上	标注在视图正面上	标注在视图轮廓线上	标注在视图正面上
主要定位点	固定式				
	活动式				
辅助定位点					

续表

分　类	标 注 位 置			
	独　立		联　动	
	标注在视图轮廓线上	标注在视图正面上	标注在视图轮廓线上	标注在视图正面上
机械夹紧		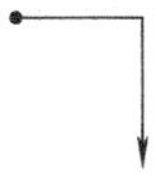	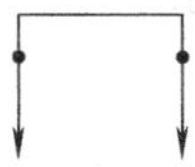	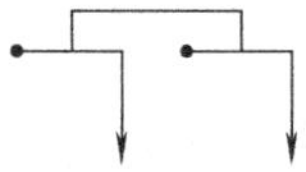
液压夹紧	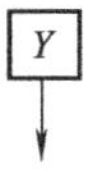 Y	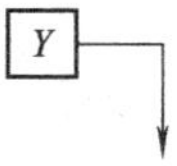 Y	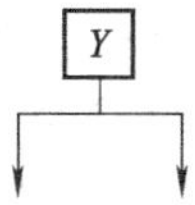 Y	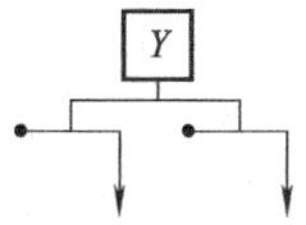 Y
气动夹紧	 Q	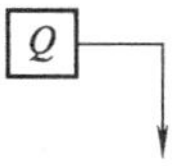 Q	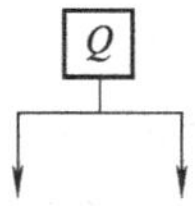 Q	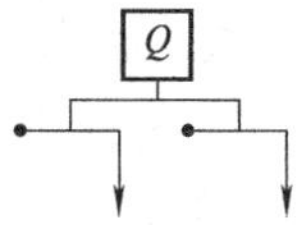 Q
电磁夹紧	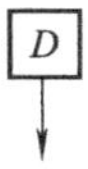 D	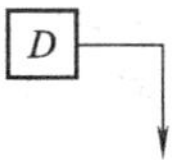 D	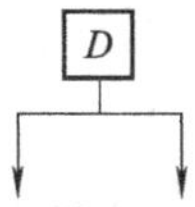 D	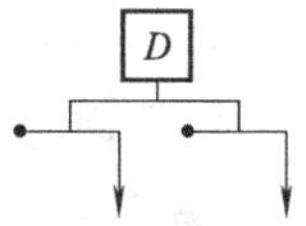 D

七、设计说明书的编写

说明书是课程设计总结性文件。通过编写说明书，进一步培养学生分析、总结和表达的能力，巩固、深化在设计过程中所获得的知识，是本次设计工作的一个重要组成部分。

说明书应概括地介绍设计全过程，对设计中各部分内容应作重点说明、分析论证及必要的计算。要求系统性好，条理清楚，图文并茂，充分表达自己独特的见解，力求避免抄书。文内公式图表、数据等出处，应以"[ ]"注明参考文献的序号。

学生从设计一开始就应随时逐项记录设计内容、计算结果、分析意见和资料来源，以及教师的合理意见、自己的见解与结论等。每一设计阶段后，即可整理、编写有关部分的说明书，待全部设计结束后，只要稍加整理，便可装订成册。

说明书包括的内容如下。

(1) 目录

(2) 设计任务书

(3) 总论或前言

(4) 对零件的工艺分析（零件的作用、结构特点、结构工艺性、关键表面的技术要求分析等）

(5) 工艺设计

① 确定生产类型。

② 毛坯选择与毛坯图说明。

③ 工艺线路的确定（粗、精基准的选择依据，各表面加工方法的确定，工序集中与工序分散的运用，工序前后顺序的安排，选用的加工设备与工装，列出不同工艺方案，进行分析比较等）。

④ 加工余量、切削用量、工时定额（时间定额）的确定（说明数据来源，计算教师指定工序的时间定额）。

⑤ 工序尺寸与公差确定（进行教师指定的工序尺寸的计算，其余简要说明）。
（6）设计小结
（7）参考文献书目

第四节 机械加工工艺规程设计实例

一、犁刀变速齿轮箱体

（一）计算生产纲领，确定生产类型

如图 2-1-6 所示为犁刀变速齿轮箱体，该产品年产量为 5000 台，设其备品率为 16%，机械加工废品率为 2%，现制订该零件的机械加工工艺规程。

技术要求如下。

① 铸件应消除内应力。

② 未注明铸造圆角为 $R2 \sim R3$。

③ 铸件表面不得有粘砂、多肉、裂纹等缺陷。

④ 允许有非聚集的孔眼存在，其直径不大于 5mm，深度不大于 3mm，相距不小于 30mm，整个铸件上孔眼数不多于 10 个。

⑤ 未注明倒角为 $0.5 \times 45°$。

⑥ 所有螺孔锪 90°锥孔至螺纹外径。

⑦ 去毛刺，锐边倒钝。

⑧ 同一加工平面上允许有直径不大于 3mm、深度不大于 15mm、总数不超过 5 个的孔眼，两孔间距不小于 10mm，孔眼边距不小于 3mm。

⑨ 涂漆按 NJ 226-31 执行。

⑩ 材料 HT200，$N=Qn(1+a\%+b\%)=5000\times1\times(1+16\%+2\%)=5900$（件/年）。

犁刀变速齿轮箱体年产量为 5900 件/年，现通过计算，该零件质量约为 7kg。根据教材表 2-3，生产纲领与生产类型的关系，可确定其生产类型为大批量生产。

（二）零件的分析

1. 零件的结构分析

犁刀变速齿轮箱体是旋耕机的一个主要零件。旋耕机通过该零件的安装平面（图 2-1-6 零件图上的 N 面）与手扶拖拉机变速箱的后部相连，用两圆柱销定位，四个螺栓固定，实现旋耕机的正确连接。N 面上的 $4\times\phi13mm$ 孔即为螺栓连接孔，$2\times\phi10F9$ 孔即为定位销孔。

如图 2-1-7 所示，犁刀变速齿轮箱 2 内有一个空套在犁刀传动轴上的犁刀传动齿轮 5，它与变速箱的一倒挡齿轮常啮合（图中未画出）。

犁刀传动轴 8 的左端花键上套有啮合套 4，通过拨叉可以轴向移动，啮合套 4 和犁刀传动齿轮 5 相对的一面都有牙嵌，牙嵌结合时，动力传给犁刀传动轴 8。其操作过程为通过安装在 $S\phi30H9$ 孔中的操纵杆 3，操纵拨叉而得以实现。

2. 零件的技术要求分析

由图 2-1-6 知，其材料为 HT200。该材料具有较高的强度、耐磨性、耐热性及减振性，适用于承受较大应力、要求耐磨的零件。

该零件上的主要加工面为 N 面、R 面、Q 面和 $2\times\phi80H7$ 孔。

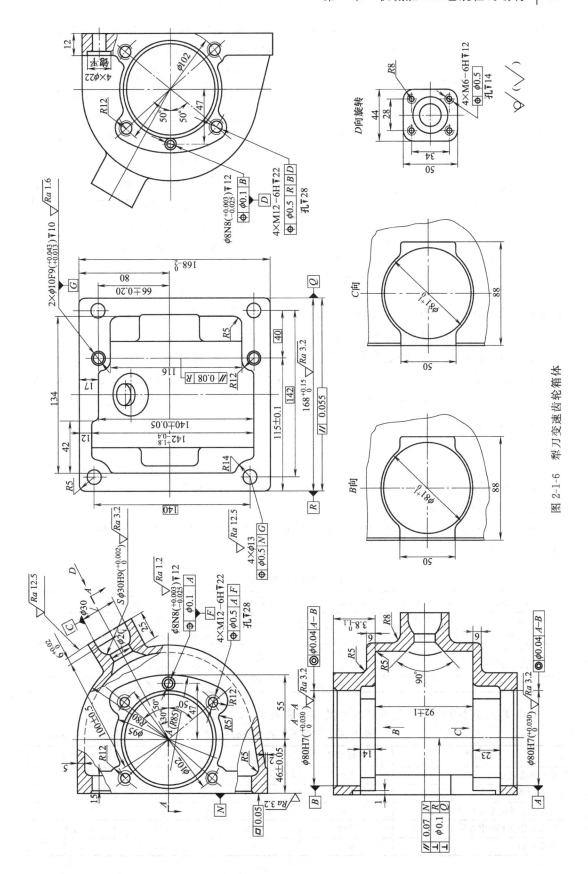

图 2-1-6 梨刀变速齿轮箱体

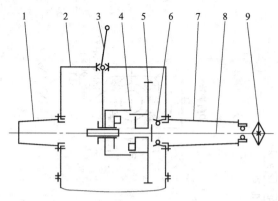

图 2-1-7 犁刀变速齿轮箱体传动示意图
1—左臂壳体；2—犁刀变速齿轮箱；3—操纵杆；
4—啮合套；5—犁刀传动齿轮；6—轴承；
7—右臂壳体；8—犁刀传动轴；9—链轮

N 面的平面度 0.05mm 直接影响旋耕机与拖拉机变速箱的接触精度及密封。

"$2×\phi 80H7$"孔的同轴度 $\phi 0.04$mm，与 N 面的平行度 0.07mm，与 R 面及 Q 面的垂直度 $\phi 0.1$mm 以及 R 面相对 Q 面的平行度 0.055mm，直接影响犁刀传动轴对 N 面的平行度及犁刀传动齿轮的啮合精度、左臂壳体及右臂壳体孔轴线的同轴度等。因此，在加工它们时，最好能在一次装夹下将两面或两孔同时加工出来。

"$2×\phi 10F9$"孔的两孔距尺寸精度 $(140±0.05)$ mm 以及 $(140±0.05)$ mm 对 R 面的平行度 0.06mm，影响旋耕机与变速箱连接时的正确定位，从而影响犁刀传动齿轮与变速箱倒挡齿轮的啮合精度。

（三）确定毛坯、画毛坯-零件综合图

根据零件材料 HT200 确定毛坯为铸件，又已知零件生产纲领为 5900 件/年，该零件质量约为 7kg，可知，其生产类型为大批量生产。毛坯的铸造方法选用砂型机器造型。又由于箱体零件的内腔及 $2×\phi 80$mm 的孔需铸出，故还应安放型芯。此外，为消除残余应力，铸造后应安排人工时效。

1. 铸件尺寸公差

铸件尺寸公差分为 16 级，由于是大批量生产，毛坯制造方法采用砂型机器造型，由工艺人员手册查得，铸件尺寸公差等级为 CT10 级，选取铸件错箱值为 1.0mm。

2. 铸件机械加工余量

对成批和大量生产的铸件加工余量由工艺人员手册查得，选取 MA 为 G 级，各加工表面总余量如表 2-1-2 所示。

表 2-1-2 各加工表面总余量

加工表面	基本尺寸/mm	加工余量等级	加工余量数值/mm	说　明
R 面	168	G	4	底面，双侧加工（取下行数据）
Q 面	168	H	5	顶面降 1 级，双侧加工
N 面	168	G	5	侧面，单侧加工（取上行数据）
凸台面	106	G	4	侧面，单侧加工
孔 $2×\phi 80$	80	H	3	孔降 1 级，双侧加工

由工艺人员手册可得主要毛坯尺寸及公差如表 2-1-3 所示。

表 2-1-3 主要毛坯尺寸及公差　　　　　　　　　　　　　　mm

主要面尺寸	零件尺寸	总余量	毛坯尺寸	公差 CT
N 面轮廓尺寸	168	—	168	4
N 面轮廓尺寸	168	4+5	177	4
N 面距孔 $\phi 80$ 中心尺寸	46	5	51	2.8
凸台面距孔 $\phi 80$ 中心尺寸	100	4+6	110	3.6
孔 $2×\phi 80$	$\phi 80$	3+3	$\phi 74$	3.2

铸件的分型面选择通过 C 基准孔轴线，且与 R 面（或 Q 面）平行的面。浇冒口位置分别位于 C 基准孔凸台的两侧。

3. 毛坯-零件综合图

毛坯-零件综合图一般包括以下内容：铸造毛坯形状、尺寸及公差、加工余量与工艺余量、铸造斜度及圆角、分型面、浇冒口残根位置、工艺基准及其他有关技术要求等。

毛坯-零件综合图上技术条件一般包括下列内容：

① 合金牌号；

② 铸造方法；

③ 铸造的精度等级；

④ 未注明的铸造斜度及圆角半径；

⑤ 铸件的检验等级；

⑥ 铸件综合技术条件；

⑦ 铸件交货状态，如允许浇冒口残根大小等；

⑧ 铸件是否进行气压或液压试验；

⑨ 热处理硬度。

毛坯-零件综合图如图 2-1-8 所示。

（四）工艺规程设计

1. 定位基准的选择

（1）精基准的选择　犁刀变速齿轮箱的 N 面和 "$2\times\phi10F9$" 孔既是装配基准，又是设计基准，用它们作精基准，能使加工遵循"基准重合"的原则，实现箱体零件"一面两孔"的典型定位方式；其余各面和孔的加工也能用它定位，这样使工艺路线遵循了"基准统一"的原则。此外，N 面的面积较大，定位比较稳定，夹紧方案也比较简单、可靠，操作方便。

（2）粗基准的选择　考虑到以下几点要求，选择箱体零件的重要孔（$2\times\phi80$mm 孔）的毛坯孔与箱体内壁作粗基准。

① 保证各加工面均有加工余量的前提下，使重要孔的加工余量尽量均匀。

② 装入箱内的旋转零件（如齿轮、轴套等）与箱体内壁有足够的间隙。

③ 能保证定位准确、夹紧可靠。

最先进行机械加工的表面是精基准 N 面和 "$2\times\phi10F9$" 孔，这时可有如下两种定位夹紧方案。

方案一：用一浮动圆锥销插入 $\phi80$mm 毛坯孔中限制两个自由度；用三个支承钉支承在与 Q 面相距 32mm 并平行于 Q 面的毛坯面上，限制三个自由度；再以 N 面本身找正限制一个自由度。这种方案适合于大批大量生产类型中，在加工 N 面及其面上各孔和凸台面及其各孔的自动线上采用随行夹具时用。

方案二：用一根两头带反锥形（一端的反锥可取下，以便装卸工件）的心棒插入 $2\times\phi80$mm 毛坯孔中并夹紧，粗加工 N 面时，将心棒置于两头的 V 形架上限制四个自由度，再以 N 面本身找正限制一个自由度。这种方案虽要安装一根心棒，但由于下一道工序（钻扩铰 $2\times\phi10F9$ 孔）还要用这根心棒定位，即将心棒置于两头的 U 形槽中限制两个自由度，故本道工序可不用将心棒卸下，而且这一"随行心棒"比上述随行夹具简单得多。又因随行工位少，准备心棒数量就少，因而该方案是可行的。

2. 制订工艺路线

根据各表面加工要求和各种加工方法能达到的经济精度，确定各表面的加工方法如下。

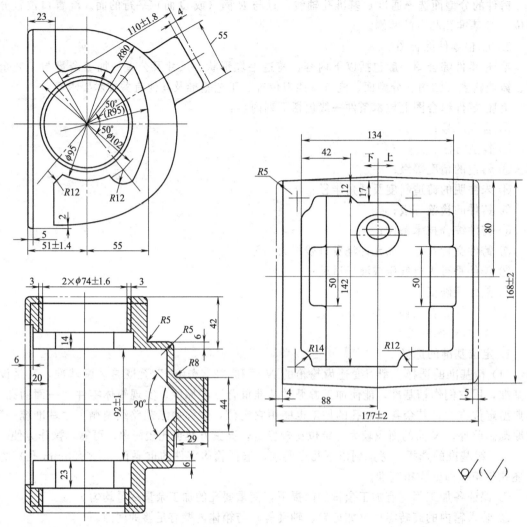

技术要求:
1. 毛坯精度等级 CT 为 10 级。
2. 热处理为时效处理,180~200HBS。
3. 未注铸造圆角为 R2~R3,拔模斜度 2°。
4. 铸件表面应无气孔、缩孔、夹砂等。
5. 材料为 HT200。

图 2-1-8 毛坯-零件综合图

N 面:粗车→精铣;R 面和 Q 面:粗铣→精铣;凸台面:粗铣;$2\times\phi80$mm 孔:粗镗→精镗;7 级~9 级精度的未铸出孔:钻→扩→铰;螺纹孔:钻孔→攻螺纹。

因 R 面与 Q 面有较高的平行度要求,$2\times\phi80$mm 孔有较高的同轴度要求,故它们的加工宜采用工序集中的原则,即分别在一次装夹下将两面或两孔同时加工出来,以保证其位置精度。

根据先面后孔、先主要表面后次要表面和先粗加工后精加工的原则,将 N 面、R 面、Q 面及 $2\times\phi80$mm 孔的粗加工放在前面,精加工放在后面,每一阶段中又首先加工 N 面,后再镗 $2\times\phi80$mm 孔。R 面及 Q 面上的 $\phi8$N8 孔及 $4\times$M12 螺纹孔等次要表面放在最后加工。

初步拟订加工工艺路线见表 2-1-4。

表 2-1-4　初拟加工工艺路线

工序号	工 序 内 容	工序号	工 序 内 容
	铸造	90	精铣 R 面及 Q 面
	时效	100	精镗孔 2×ϕ80H7
	涂漆	110	扩铰球形孔 Sϕ30H9，钻 4×M6 螺纹底孔，孔口倒角 1×45°，攻螺纹 4×M6
10	粗车 N 面		
20	钻扩铰 2×ϕ10F9 孔（尺寸留精铰余量），孔口倒角 1×45°	120	钻孔 4×ϕ13
30	粗铣凸台面	130	锪平面 4×ϕ22
40	粗铣 R 面及 Q 面	140	钻 8×M12 螺纹底孔，孔口倒角 1×45°，钻铰孔 2×ϕ8N8，孔口倒角 1×45°，攻螺纹 8×M12
50	粗镗孔 2×ϕ80，孔口倒角 1×45°		
60	钻孔 ϕ20		
70	精铣 N 面	150	检验
80	精铰孔 2×ϕ10F9	160	入库

上述方案遵循了工艺路线拟订的一般原则，但某些工序有些问题还值得进一步讨论。

如粗车 N 面，因工件和夹具的尺寸较大，在卧式车床上加工时，它们的惯性力较大，平衡较困难，又由于 N 面不是连续的圆环面，车削中出现断续切削，容易引起工艺系统的振动，故改用铣削加工。

工序 40 应在工序 30 前完成，使 R 面和 Q 面在粗加工后有较多的时间进行自然时效，减少工件受力变形和受热变形对 2×ϕ80mm 孔加工精度的影响。

精铣 N 面后，N 面与 2×ϕ10F9 孔的垂直度误差难以通过精铰孔纠正，故对这两孔的加工改为扩铰，并在前面的工序中预留足够的余量。

4×ϕ13mm 孔尽管是次要表面，但在钻扩铰 2×ϕ10F9 孔时，也将 4×ϕ13mm 孔钻出，可以节约一台钻床和一套专用夹具，能降低生产成本，而且工时也不长。

同理，钻 ϕ20mm 孔工序也应合并到扩铰 Sϕ30H9 球形孔工序中。这组孔在精镗 2×ϕ80H7 孔后加工，容易保证其轴线与 2×ϕ80H7 孔轴线的位置精度。

工序 140 工步太多，工时太长，考虑到整个生产线的节拍，应将 8×M12 螺孔的攻螺纹作为另一道工序。

修改后的加工工艺路线见表 2-1-5。

表 2-1-5　修改后的加工工艺路线

工 序 号	工 序 内 容	简 要 说 明
	铸造	
	时效	消除内应力
	涂底漆	防止生锈
10	粗铣 N 面	先加工基准面
20	钻扩铰孔 2×ϕ10F9 至 2×ϕ9F9，孔口倒角 1×45°，钻孔 4×ϕ13	留精扩铰余量
30	粗铣 R 面及 Q 面	先加工面
40	铣凸台面	
50	粗镗孔 2×ϕ80，孔口倒角 1×45°	后加工孔，粗加工结束

续表

工序号	工序内容	简要说明
60	精铣 N 面	精加工开始
70	精铰孔 2×φ10F9 至 2×φ10F7（工艺要求）	提高工艺基准精度
80	精铣 R 面及 Q 面	先加工面
90	精镗孔 2×φ80H7	后加工孔
100	钻孔 φ20，扩铰球形孔 Sφ30H9，钻 4×M6 螺纹底孔，孔口倒角 1×45°，攻螺纹 4×M6-6H	次要表面在后面加工
110	锪平面 4×φ22	
120	钻 8×M12 螺纹底孔，孔口倒角 1×45°，钻铰孔 2×φ8N8，孔口倒角 1×45°	
130	攻螺纹 8×M12-6H	工序分散，平衡节拍
140	检验	
150	入库	

3. 选择加工设备及工艺装备

由于生产类型为大批生产，故加工设备宜以通用机床为主，辅以少量专用机床。其生产方式为以通用机床加专用夹具为主，辅以少量专用机床的流水生产线。工件在各机床上的装卸及各机床间的传送均由人工完成。

（1）粗铣 N 面　考虑到工件的定位夹紧方案及夹具结构设计等问题，采用立铣，选择 X52K 立式铣床。选择直径 D 为 φ200mm 的 C 类可转位面铣刀、专用夹具和游标卡尺。

（2）精铣 N 面　由于定位基准的转换，宜采用卧铣，选择 X6132 卧式铣床。选择与粗铣相同型号的刀具。采用精铣专用夹具及游标卡尺、刀口形直尺。

（3）铣凸台面　采用立式铣床 X52K、莫氏锥柄面铣刀、专用铣夹具、专用检具。粗铣 R 及 Q 面采用卧式双面组合铣床，因切削功率较大，故采用功率为 5.5kW 的 1T×32 型铣削头。选择直径为 φ160mm 的 C 类可转位面铣刀、专用夹具、游标卡尺。

（4）精铣 R 及 Q 面　采用功率为 1.5kW 的 $1TX_b20M$ 型铣削头组成的卧式双面组合机床。精铣刀具类型与粗铣的相同。采用专用夹具。

（5）粗镗 2×φ80H7　采用卧式双面组合镗床，选择功率为 1.5kW 的 1TA20 镗削头。选择镗通孔的镗刀、专用夹具、游标卡尺。

（6）精镗 2×φ80H7 孔　采用卧式双面组合镗床，选择功率为 1.5kW 的 1TA20M 镗削头。选择精镗刀、专用夹具。

（7）工序 20（钻扩铰孔 2×φ10F9 至 2×φ9F9，孔口倒角 1×45°，钻孔 4×φ13mm）　选用摇臂钻床 Z3025。选用锥柄麻花钻，锥柄扩孔复合钻，扩孔时倒角；选用锥柄机用铰刀、专用夹具、快换夹头、游标卡尺及塞规。

锪 4×φ22mm 平面选用直径为 φ22mm、带可换导柱锥柄平底锪钻，导柱直径为 φ13mm。

（8）工序 100　所加工的最大钻孔直径为 φ20mm，扩铰孔直径为 φ30mm。故仍选用摇臂钻床 Z3025。钻 φ20mm 孔选用锥柄麻花钻，扩铰 Sφ30H9 孔用专用刀具，4×M6 螺纹底孔用锥柄阶梯麻花钻，攻螺纹采用机用丝锥及丝锥夹头。采用专用夹具。φ20mm、φ30mm 孔径用游标卡尺测量，4×M6 螺孔用螺纹塞规检验，球形孔 Sφ30H9 及尺寸 $6^{+0.2}_{0}$mm，用专用量具测量，孔轴线的倾斜角 30°用专用检具测量。

（9）8×M12 螺纹底孔及 2×φ8N8 孔　选用摇臂钻床 Z3025 加工。8×M12 螺纹底孔选用锥柄阶梯麻花钻、选用锥柄复合麻花钻及锥柄机用铰刀加工 2×φ8N8 孔。采用专用夹具。选用游标卡尺和塞规检查孔径。

（10）8×M12 螺孔　攻螺纹选用摇臂钻。采用机用丝锥、丝锥夹头、专用夹具和螺纹塞规。

4. 加工工序设计

确定工序尺寸一般的方法是，由加工表面的最后工序往前推算，最后工序的工序尺寸按零件图样的要求标注。当无基准转换时，同一表面多次加工的工序尺寸只与工序（或工步）的加工余量有关。有基准转换时，工序尺寸应用工艺尺寸链解算。

① 工序 10 粗铣及工序 60 精铣 N 面工序。查有关手册平面加工余量表，得精加工余量 $Z_{N精}$ 为 1.5mm。已知 N 面总余量 $Z_{N总}$ 为 5mm。故粗加工余量 $Z_{N粗}$＝(5−1.5)mm＝3.5mm。

如图 2-1-9 所示，精铣 N 面工序中以 B 孔定位，N 面至 B、A 孔轴线的工序尺寸即为设计尺寸 $X_{N\text{-}B精}$＝(46±0.05)mm，则粗铣 N 面工序尺寸 $X_{N\text{-}B粗}$ 为 47.5mm。

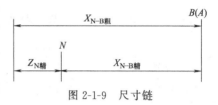

图 2-1-9　尺寸链

查教材表 2-16 平面加工方法，得粗铣加工公差等级为 IT11~13，取 IT11，其公差 $T_{N\text{-}B粗}$＝0.16mm，所以 $X_{N\text{-}B粗}$＝(47.5±0.08)mm（注：中心距公差对称标注）。

校核精铣余量 $Z_{N精}$

$$Z_{N精\min}=X_{N\text{-}B粗\min}-X_{N\text{-}B精\max}=[(47.5-0.08)-(46+0.05)]\text{mm}=1.37\text{mm}$$

故余量足够。

查阅有关手册，取粗铣的每齿进给量 f_z＝0.2mm/z；精铣的每转进给量 f＝0.05mm/z，粗铣走刀 1 次，a_p＝3.5mm；精铣走刀 1 次，a_p＝1.5mm。

取粗铣的主轴转速为 150r/min，取精铣的主轴转速为 300r/min。又前面已选定铣刀直径 D 为 φ200mm，故相应切削速度分别如下。

粗加工：$v_c=\dfrac{\pi D n_粗}{1000}=\dfrac{3.14\times 200\times 150}{1000}$ m/min ＝94.2m/min

精加工：$v_c=\dfrac{\pi D n_精}{1000}=\dfrac{3.14\times 200\times 300}{1000}$ m/min ＝188.4m/min

校核机床功率（一般只校核粗加工工序）。

参考有关资料得：铣削时的切削功率

$$P_c=167.9\times 10^{-5}a_p^{0.9}f_z^{0.74}a_e z n k_{pc}$$

取 Z 为＝10 个（齿），$n=\dfrac{150}{60}=2.5$r/s，a_e＝168mm，a_p＝3.5mm，f_z＝0.2mm/z，k_{pc}＝1；将它们代入式中，得 P_c＝(167.9×10⁻⁵×3.5⁰·⁹×0.2⁰·⁷⁴×168×10×2.5×1)kW＝6.62kW

又从机床 X52K 说明书（主要技术参数）得机床功率为 7.5kW，机床传动效率一般取 0.75~0.85，若取 η_m＝0.85，则机床电动机所需功率 $P_e=P_c/\eta_m=\dfrac{6.62}{0.85}$＝7.79kW＞7.5kW。

故重新选择粗加工时的主轴转速为 118r/min（低一挡速）

$$v_c = \frac{\pi D n_{\text{粗}}}{1000} = \frac{3.14 \times 200 \times 118}{1000} \text{ m/min} = 74.1 \text{m/min}$$

将其代入公式得

$$P_c = (167.9 \times 10^{-5} \times 3.5^{0.9} \times 0.2^{0.74} \times 168 \times 10 \times \frac{118}{60} \times 1) \text{kW} \approx 5.2 \text{kW}$$

$$P_e = P_c / \eta_m = \frac{5.2}{0.85} \text{ kW} \approx 6.1 \text{ kW} < 7.5 \text{ kW}$$

故机床功率足够。

② 工序 20 钻扩铰孔 $2 \times \phi 10 F9$ 至 $2 \times \phi 9 F9$，钻 $4 \times \phi 13$mm 孔。$2 \times \phi 10 F9$ 孔扩、铰余量参考有关手册取 $Z_{\text{扩}} = 0.9$mm，$Z_{\text{铰}} = 0.1$mm，由此可算出 $Z_{\text{钻}} = \left(\frac{9}{2} - 0.9 - 0.1\right)$mm $= 3.5$mm。

$4 \times \phi 13$mm 孔因一次钻出，故其钻削余量为 $Z_{\text{钻}} = \frac{13}{2}$mm $= 6.5$mm。

各工步余量和工序尺寸及工差列于表 2-1-6。

表 2-1-6　各工步余量和工序尺寸及公差　　　　　　　　mm

加工表面	加工方法	余　量	公差等级	工序尺寸
$2 \times \phi 10 F9$	钻孔	3.5	—	$\phi 7$
$2 \times \phi 10 F9$	扩孔	0.9（单边）	H10	$\phi 8.8^{+0.058}_{0}$
$2 \times \phi 10 F9$	铰孔	0.1（单边）	F9	$\phi 9^{+0.049}_{+0.013}$
$4 \times \phi 13$	钻孔	6.5	—	$\phi 13$

孔和孔之间的位置尺寸如 (140 ± 0.05)mm，以及 $\boxed{140}$ mm、$\boxed{142}$ mm、$\boxed{40}$ mm、$4 \times \phi 13$mm 孔的位置度要求均由钻模保证。与 $2 \times \phi 80$mm 孔轴线相距尺寸 (66 ± 0.2)mm，因基准重合，不需换算。

沿 $2 \times \phi 80$mm 的孔轴线方向的定位是以两孔的内侧面用自定心机构实现的。这种方案利用保证两内侧中心面与 R、Q 两端面的中心面重合，外形对称，所以 $2 \times \phi 10 F9$ 两孔连心线至内侧中心面的距离尺寸 $X_{G\text{-中}}$ 需经过计算。其工艺尺寸链如图 2-1-10 所示。

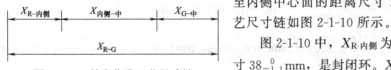

图 2-1-10　钻定位孔工艺尺寸链

图 2-1-10 中，$X_{R\text{-内侧}}$ 为零件图上 R 面与内侧尺寸 $38^{0}_{-1.1}$mm，是封闭环。$X_{\text{内侧-中}}$ 为内腔尺寸 (92 ± 1)mm 的一半，即为 (46 ± 0.5)mm；$X_{R\text{-}G}$ 为零件图上销孔连线与 R 面的尺寸 (115 ± 0.1)mm。用概率法计算如下：

$$X_{R\text{-内侧}} = 38^{0}_{-1.1} \text{mm} = (37.45 \pm 0.55) \text{mm}$$

$$X_{R\text{-内侧}} = X_{R\text{-}G} - X_{\text{内侧-中}} - X_{G\text{-中}}$$

$$X_{G\text{-中}} = X_{R\text{-}G} - X_{\text{内侧-中}} - X_{R\text{-内侧}} = (115 - 46 - 37.45) \text{mm} = 31.55 \text{mm}$$

$$T^2_{R\text{-内侧}} = T^2_{R\text{-}G} + T^2_{\text{内侧-中}} + T^2_{G\text{-中}}$$

$$T_{G\text{-中}} = \sqrt{T^2_{R\text{-内侧}} - T^2_{R\text{-}G} - T^2_{\text{内侧-中}}} = \sqrt{1.1^2 - 0.2^2 - 1^2} \text{mm} = 0.412 \text{mm}$$

故 $X_{G\text{中}} = (31.55 \pm 0.206)\text{mm} = (31.55 \pm 0.2)\text{mm}$

参考 Z3025 机床技术参数表，取钻孔 $4 \times \phi 13\text{mm}$ 的进给量 $f = 0.4\text{mm/r}$，取钻孔 $2 \times \phi 9\text{mm}$ 的进给量 $f = 0.3\text{mm/r}$。

参考有关资料，得钻孔 $\phi 13\text{mm}$ 的切削速度 $v_c = 0.445\text{m/s} = 26.7\text{m/min}$，由此算出转速为

$$n = \frac{1000v}{\pi d} = \frac{1000 \times 26.7}{3.14 \times 13} \text{r/min} = 654\text{r/min}$$

按机床实际转速取 $n = 630$ r/min，则实际切削速度为

$$v_c = \frac{3.14 \times 13 \times 630}{1000} \text{m/min} \approx 25.7\text{m/min}$$

同理，参考有关资料得钻孔 $\phi 7\text{mm}$ 的 $v = 0.435\text{m/s} = 26.1\text{m/min}$，由此算出转速为

$$n = \frac{1000v}{\pi d} = \frac{1000 \times 26.1}{3.14 \times 7} \text{r/min} = 1187\text{r/min}$$

按机床实际转速取 $n = 1000$ r/min，则实际切削速度为

$$v_c = \frac{3.14 \times 7 \times 1000}{1000} \text{m/min} \approx 22\text{m/min}$$

查有关资料得

$$F_f = 9.81 \times 42.7 d_0 f^{0.8} K_F \ (\text{N})$$
$$M = 9.81 \times 0.021 d_0^2 f^{0.8} K_M \ (\text{N} \cdot \text{m})$$

分别求出钻 $\phi 13\text{mm}$ 孔的 F_f 和 M 及钻 $\phi 7\text{mm}$ 孔的 F_f 和 M

$$F_f = 9.81 \times 42.7 \times 13 \times 0.4^{0.8} \times 1 = 2616 \ (\text{N})$$
$$M = 9.81 \times 0.021 \times 13^2 \times 0.4^{0.8} \times 1 = 16.72 \ (\text{N} \cdot \text{m})$$
$$F_f = 9.81 \times 42.7 \times 7 \times 0.3^{0.8} \times 1 = 1119 \ (\text{N})$$
$$M = 9.81 \times 0.021 \times 7^2 \times 0.3^{0.8} \times 1 = 4 \ (\text{N} \cdot \text{m})$$

扩孔 $2 \times \phi 8.8\text{mm}$，参考有关资料，并参考机床实际进给量，取 $f = 0.3\text{mm/r}$（因扩的是盲孔，所以进给量取得较小）。

参考有关资料，扩孔切削速度为钻孔时的 $\frac{1}{2} \sim \frac{1}{3}$，故取扩孔时的切削速度为：$\frac{1}{2} \times 22\text{m/min} = 11\text{m/min}$。

由此算出转速 $n = \frac{1000v}{\pi d} = \frac{1000 \times 11}{3.14 \times 8.8} \text{r/min} = 398\text{r/min}$。按机床实际转速取 $n = 400\text{r/min}$。

参考有关资料，铰孔的进给量取 $f = 0.3\text{mm/r}$（因铰的是盲孔，所以进给量取得较小）。

同理，参考有关资料，取铰孔的切削速度为 $v_c = 0.3\text{m/s} = 18\text{m/min}$。由此算出转速 $n = \frac{1000v}{\pi d} = \frac{1000 \times 18}{3.14 \times 9} \text{r/min} = 636.9$ r/min。按机床实际转速取为 $n = 630\text{r/min}$。则实际切削速度为 $v_c = \frac{\pi d n}{1000} = \frac{3.14 \times 9 \times 630}{1000} \text{m/min} = 17.8\text{m/min}$。

③ 工序 50 粗镗，得粗镗以后的直径为 $\phi 79.5$ mm，故两孔的精镗余量 $Z_{A精}=Z_{B精}=\frac{80-79.5}{2}$ mm=0.25mm。

又已知 $Z_{A总}=Z_{B总}=3$mm，故 $Z_{A粗}=Z_{B粗}=(3-0.25)$ mm= 2.75 mm。

精镗及精镗工序的余量工序尺寸及公差列于表 2-1-7。

表 2-1-7 镗孔余量和工序尺寸及公差　　　　　　　　　　　mm

加工表面	加工方法	余　　量	精度等级	工序尺寸及公差
$2\times\phi 80$	粗镗	2.75	H10	$\phi 79.5^{+0.120}_{0}$
$2\times\phi 80$	粗镗	0.25	H7	$\phi 80^{+0.030}_{0}$

因粗、精镗孔时都以 N 面及两销钉定位，故孔与 N 面之间的粗镗工序尺寸 (47.5 ± 0.08) mm，精镗工序尺寸 (46 ± 0.05) mm 及平行度 0.07mm，与一销孔之间的尺寸 (66 ± 0.2) mm，均系基准重合，所以不需进行尺寸链计算。

两孔的同轴度 $\phi 0.04$mm 由机床保证。

与 R 及 Q 面的垂直度 $\phi 0.1$mm 是间接获得的。在垂直方向，它由 $2\times\phi 80$mm 孔轴线与 N 面的平行度 0.07mm 及 R 和 Q 面对 N 面的垂直度来保证。图 2-1-11 所示计算精铣 R 及 Q 面工序中 Q 面对 N 面的垂直度公差 $X_{Q-N垂}$。

图 2-1-11 中，$Y_{孔-Q垂}$ 为孔轴线对 Q 面的垂直度 $\phi 0.1$mm，它是封闭环；$Y_{Q-N垂}$ 为 Q 面对 N 面在 168mm 长度上的垂直度，$Y_{孔-N平}$ 为孔轴线对 N 面的平行度 0.07mm。

因在精铣 R 和 Q 面及精镗 $2\times\phi 80$mm 孔两工序中，面和孔轴线的位置都做到极限位置的情况很少，故用概率法计算此尺寸链，使加工方便。

由于　　　　　　　　　$Y_{孔-Q垂}=\sqrt{(Y_{孔-N平})^2+(Y_{Q-N垂})^2}$

所以　　$Y_{Q-N垂}=\sqrt{(Y_{孔-Q垂})^2-(Y_{孔-N平})^2}=\sqrt{0.1^2-0.07^2}mm\approx 0.07$mm

在图中，因为　　　　　　　　$\angle BAC=\angle EDF$

所以　　　　　　　　　　　　$\frac{CB}{CA}=\frac{FE}{FD}$

则　　　　$X_{Q-N垂}=FE=\frac{CB\times FD}{CA}=\frac{0.07\times(46+55)}{168}mm\approx 0.04$mm

同理，R 面与 N 面的垂直度公差也应为 0.04mm。

$2\times\phi 80$mm 孔轴线与 R 面的垂直度 $\phi 0.1$mm 在水平方向是由 R 面对定位销孔连线的平行度 0.06mm 及 $2\times\phi 80$mm 孔对定位销孔连线的垂直度保证的。取一极限位置，如图 2-1-12 所示，计算精镗 $2\times\phi 80$mm 孔工序中 $2\times\phi 80$mm 孔轴线对定位销孔连线的垂直度公差为 $Y_{孔-G垂}$。

图 2-1-12 中，$Y_{孔-R垂}$ 为孔轴线对 R 面的垂直度 $\phi 0.1$mm，它是封闭环；$X_{R-G平}$ 为 R 面对定位销孔连线的平行度 0.06mm，由于 $\triangle ABC\cong\triangle EFH$，所以 $Y_{R-G平}=X_{R-G平}$。同理，也用概率法计算此尺寸链如下。

因为　　　　　　　　$Y_{孔-R垂}=\sqrt{(Y_{R-G平})^2+(Y_{孔-G垂})^2}$

所以　　$Y_{孔-G垂}=\sqrt{(Y_{孔-R垂})^2-(Y_{R-G平})^2}=\sqrt{0.1^2-0.06^2}mm\approx 0.08$mm

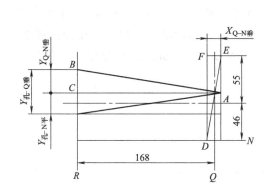

图 2-1-11　Q 面对 N 面的垂直度尺寸链

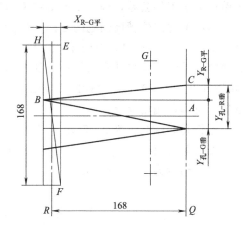

图 2-1-12　孔对销孔连线的垂直度尺寸链

$Y_{孔-G垂}$ 受两定位销孔与定位销配合间隙而引起的转角误差的影响如图 2-1-13 所示。

参考有关夹具设计资料设计两定位销如下。

按零件图给出的尺寸，两销孔为 $2×\phi10F9$，即 $2×\phi10^{+0.040}_{+0.013}$mm；中心距尺寸为 $(140±0.05)$mm。取两定位销中心距尺寸为 $(140±0.015)$mm。

按基轴制常用配合，取孔与销的配合为 F9/h9，即圆柱销为 $\phi10h9=10^{\ 0}_{-0.036}$mm。

查有关夹具资料，取菱形销的 $b=4$mm，$B=8$mm。

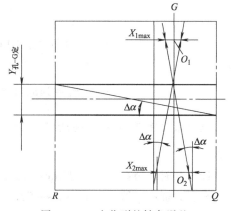

图 2-1-13　定位副的转角误差

由于 $a = \dfrac{R_{LD}+R_{Ld}}{2}$

$= \dfrac{(0.05+0.015)×2}{2}mm=0.065$mm

所以，菱形销最小间隙为

$$X_{2min}=\dfrac{2ab}{D_{2min}}=\dfrac{2×0.065×4}{10+0.013}\text{mm}=0.052\text{mm}$$

菱形销的最大直径为

$$d_{2max}=D_{2min}-X_{2min}=(10.013-0.052)\text{mm}=9.961\text{mm}$$

故菱形销直径为 $d_2=\phi9.961h9$mm$=\phi9.961^{\ 0}_{-0.036}mm=\phi10^{+0.039}_{-0.075}$mm。

下面计算转角误差

$\tan\Delta\alpha = \dfrac{X_{1max}+X_{2max}}{2L}$

$= \dfrac{(0.049+0.036)+(0.049+0.075)}{2×140}$

$=0.00074$

由 $\Delta\alpha$ 引起的定位误差 $Y_{孔-G定}=168×\tan\Delta\alpha$，故该方案也不可行。

同理，该转角误差也影响精铣 R 面时 R 面对两销孔连线的平行度 0.06mm，此时定位误差也大于工件公差,即 0.118mm>0.06mm,故该方案也不可行。

解决上述定位精度问题的方法是尽量提高定位副的制造精度。如将 $2\times\phi10F9$ 提高精度至 $2\times\phi10F7$,两孔中心距尺寸 (140 ± 0.05)mm,提高精度至 (140 ± 0.03)mm,并相应提高两定位销的径向尺寸及两销中心距尺寸的精度,这样定位精度能大大提高,所以工序 70 "精铰孔 $2\times\phi10F9$ 至 $2\times\phi10F7$" 对保证加工精度有着重要作用。此时,经误差计算和公式校核,可满足精度要求。

粗镗孔时因余量为 2.75mm,故 $a_p=2.75$mm。

查有关资料得:取 $v_c=0.4$m/s=24m/min。

取进给量为 $f=0.2$mm/r。

$$n=\frac{1000v}{\pi d}=\frac{1000\times 24}{3.14\times 79.5}\text{r/min}=96\text{r/min}$$

查有关资料得

$$F_c=9.81C_{Fc}a_p^{x_{Fc}}f^{y_{Fc}}v_c^{n_{Fc}}K_{Fc}$$

$$P_c=F_cv_c\times 10^{-3}$$

取 $C_{Fc}=180$, $x_{Fc}=1$, $y_{Fc}=0.75$, $n_{Fc}=0$, $K_{Fc}=1$

则 $F_c=9.81\times 180\times 2.75\times 0.2^{0.75}\times 0.4^0\times 1=1452.3$(N)

$$P_c=1452.3\times 0.4\times 10^{-3}=0.58(\text{kW})$$

取机床效率为 0.85,则所需机床功率为 $\frac{0.58}{0.85}\text{kW}=0.68\text{kW}<1.5\text{kW}$,故机床功率足够。

精镗孔时,因余量为 0.25mm,故 $a_p=0.25$mm。

查有关资料,取 $v_c=1.2$m/s=72m/min,取 $f=0.12$mm/r。

$$n=\frac{1000v}{\pi d}=\frac{1000\times 72}{3.14\times 80}\text{r/min}\approx 287\text{r/min}$$

④ 工序 40 铣凸台面工序。凸台面因要求不高,故可以一次铣出,其工序余量即等于总余量 4mm。

凸台面距孔 $S\phi30H9$ 球面中心 $6^{+0.2}_{0}$mm,这个尺寸是在扩铰孔 $S\phi30H9$ 时直接保证的。球面中心(设计基准)距 $2\times\phi80$mm 孔轴线(工艺基准)(100 ± 0.05)mm 则为间接保证的尺寸。本工序工艺基准与设计基准不重合,有基准不重合误差。

铣凸台面对应保证的工序尺寸为凸台面距 $2\times\phi80$mm 孔轴线的距离 X_{D-B}。其工艺尺寸链如图 2-1-14 所示,图中 $X_{S-B}=100\pm0.05$mm,$X_{S-D}=6^{+0.2}_{0}$mm,用竖式法计算(见表 2-1-8),得 $X_{D-B}=106^{+0.5}_{-0.3}$mm。

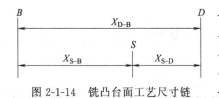

图 2-1-14 铣凸台面工艺尺寸链

表 2-1-8 竖式法计算

基本尺寸	上偏差	下偏差
增环 106	+0.5	−0.3
减环 0	0	−0.2
封闭环 100	+0.5	−0.5

本工序的切削用量及其余次要工序设计略。

⑤ 时间定额计算。下面计算工序 20 的时间定额。

a. 机动时间。参考有关资料,得钻孔的计算公式为

$$t_j = \frac{l + l_1 + l_2}{fn}$$

其中,$l_1 = \frac{D}{2}\cot Y_r + (1 \sim 2)$,$l_2 = 1 \sim 4$,钻盲孔时 $l_2 = 0$。

钻孔 $4 \times \phi 13$mm 时:$l_1 = \left[\frac{13}{2}\cot\left(\frac{118}{2}\right)° + 1.5\right]$mm $= 5.4$mm,$l = 19.5$mm,取 $l_2 = 3$mm。

将以上数据及前面已选定的 f 及 n 代入公式,得

$$t_j = \frac{19.5 + 5.4 + 3}{0.4 \times 630}\text{min} = 0.11\text{min}$$

$$4t_j = 4 \times 0.11\text{min} = 0.44\text{min}$$

钻孔 $2 \times \phi 7$mm 时:$l_1 = \frac{7}{2}\cot\left(\frac{118}{2}\right)° + 1.5 \approx 3.6$(mm),$l = 11.5$mm,$l_2 = 0$。

将以上数据及前面已选定的 f 及 n 代入公式,得

$$t_j = \frac{11.5 + 3.6 + 0}{0.3 \times 1000}\text{min} = 0.05\text{min}$$

$$2t_j = 2 \times 0.05\text{min} = 0.1\text{min}$$

参考有关资料,得扩孔和铰孔的计算公式为

$$t_j = \frac{l + l_1 + l_2}{fn}$$

其中,$l_1 = \frac{D - d_1}{2}\cot K_r + (1 \sim 2)$,扩盲孔和铰盲孔时 $l_2 = 0$。

扩孔 $2 \times \phi 8.8$mm 时:$l_1 = \frac{8.8 - 7}{2}\cot 60° + 1.5 \approx 2$(mm),$l = 11.5$mm,$l_2 = 0$。

将以上数据及前面已选定的 f 及 n 代入公式,得

$$t_j = \frac{11.5 + 2 + 0}{0.3 \times 400}\text{min} = 0.11\text{min}$$

$$2t_j = 2 \times 0.11\text{min} = 0.22\text{min}$$

铰孔 $2 \times \phi 9$mm 时:$l_1 = \frac{9 - 8.8}{2}\cot 45° + 1.5 = 1.6$(mm)。

将以上数据及前面已选定的 f 及 n 代入公式,得

$$t_j = \frac{11.5 + 1.6 + 0}{0.3 \times 630}\text{min} \approx 0.07\text{min}$$

$$2t_j = 0.14\text{min}$$

b. 总机动时间 t_j(即基本时间 t_b)为

$$t_b = (0.44 + 0.1 + 0.22 + 0.14)\text{min} = 0.9\text{ min}$$

其余时间计算略。

5. 填写机械加工工艺过程卡和机械加工工序卡

工艺文件详见表 2-1-9～表 2-1-23。

表 2-1-9 机械加工工艺过程卡片（一）

机械加工工艺过程卡片		产品型号		零件图号			共 2 页	第 1 页
		产品名称	旋耕机	零件名称	犁刀变速齿轮箱体			
材料牌号	HT200	毛坯种类	铸件	毛坯外形尺寸	177×168×150	每毛坯件数	每台件数 1	备注

工序号	工序名称	工序内容	工段	设备	工艺装备	工时 准终 / 单件
	铸造					
	时效					
	涂底漆					
10	铣	粗铣 N 面	金工	X52K	专用铣夹具	
20	钻	钻扩铰孔 2×φ10F9 至 2×φ9F9,孔口倒角 1×45°,钻孔 4×φ13	金工	Z3025	专用钻夹具	51.3 / 0.9
30	铣	粗铣 R 面及 Q 面	金工	组合机床	专用铣夹具	
40	铣	铣凸台面	金工	X52K	专用铣夹具	
50	镗	粗镗孔 2×φ80,孔口倒角 1×45°	金工	组合机床	专用镗夹具	
60	铣	精铣 N 面	金工	X6132	专用铣夹具	
70	铰	精扩铰孔 2×φ10F9 至 2×φ10F7	金工	Z3025	专用钻夹具	
80	铣	精铣 R 面及 Q 面	金工	组合机床	专用铣夹具	
90	镗	精镗孔 2×φ80H7	金工	组合机床	专用镗夹具	
100	钻	钻孔 φ20,扩扩球形孔 S φ30H9,钻 4×M6 螺纹底孔,孔口倒角 1×45°	金工	Z3025	专用钻夹具	
110	锪	锪平 4×φ22	金工	Z3025	专用钻夹具	
120	钻	钻 8×M12 螺纹底孔,孔口倒角 1×45°,钻铰孔 2×φ8N8,孔口倒角 1×45°	金工	Z3025	专用钻夹具	
130	攻	攻螺纹 8×M12-6H 攻螺纹 4×M6-6H			专用攻螺纹夹具	

		设计（日期）	校对（日期）	审核（日期）	标准化（日期）	会签（日期）
标记	处数	更改文件号	签字	日期	标记 处数 更改文件号 签字 日期	

表 2-1-10 机械加工工艺过程卡片（二）

机械加工工艺过程卡片		产品型号		零件图号				共 2 页	第 2 页
		产品名称	旋耕机	零件名称	铣刀变速齿轮箱体				
材料牌号	HT200	毛坯种类	铸件	毛坯外形尺寸	177×168×150	每毛坯件数	1	每台件数	1	备注	
工序号	工序名称	工序内容			车间	工段	设备	工艺装备	工时 准终 / 单件
140	检	检验							
150		入库							
					设计(日期)	校对(日期)	审核(日期)	标准化(日期)	会签(日期)
标记	处数	更改文件号	签字	日期	标记	处数	更改文件号	签字	日期

表 2-1-11 机械加工工序卡片（一）

机械加工工序卡片		产品型号		零件图号				共 13 页	第 1 页
		产品名称		零件名称	犁刀变速齿轮箱体			材料牌号	HT200
		车间	旋耕机	工序号	10	工序名称	粗铣 N 面	每台件数	1
		毛坯种类	铸件	毛坯外形尺寸	177×168×150	每毛坯可制件数	1	同时加工件数	1
		设备名称	立式铣床	设备型号	X52K	设备编号		切削液	
		夹具编号		夹具名称	粗铣 N 面夹具	工位器具编号		工位器具名称	
			主轴转速	切削速度	进给量	切削深度	进给次数	工序工时/分	
			r/min	m/min	mm/r	mm		准终	单件
			118	74.1	2	3.5	1		
工步号	工步内容		工艺设备						
1	粗铣 N 面		专用铣夹具 随行芯棒 可转位面铣刀 φ200						
					设计（日期）	校对（日期）	审核（日期）	标准化（日期）	会签（日期）
标记	处数	更改文件号	签字	日期	标记	处数	更改文件号	签字	日期

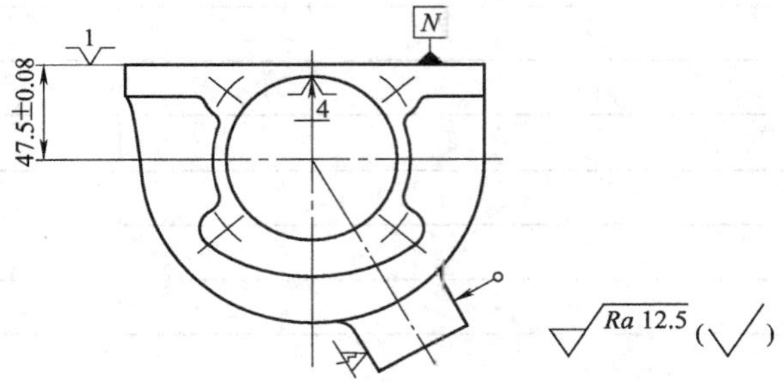

47.5 ± 0.08

$\sqrt{Ra\ 12.5}\ (\sqrt{\ })$

表 2-1-12 机械加工工序卡片（二）

机械加工工序卡片		产品型号		零件图号			共 13 页	第 2 页
		产品名称	旋耕机	零件名称	犁刀变速齿轮箱体		材料牌号	HT200
		车间		工序号	20	工序名称	钻扩铰 2×φ9，钻 4×φ13	每台件数 1
		毛坯种类	铸件	毛坯外形尺寸	177×168×150	每毛坯可制件数		同时加工件数 1
		设备名称	立式钻床	设备型号	Z3025	设备编号		
		夹具编号		夹具名称	钻 N 面夹具		切削液	
		工位器具编号		工位器具名称			工序工时/分 准终 单件	

工序简图：4×φ13 ⌖ φ0.5 M N G ; 140; 140±0.05; 65±0.20; 40; 142; 2×φ9F9 $^{+0.049}_{+0.013}$ ▽11.5; 倒角C1; Ra 3.2; Ra 12.5; 31.55±0.20

工步号	工步内容	工艺设备	主轴转速 r/min	切削速度 m/min	进给量 mm/r	切削深度 mm	进给次数	工步工时 机动	工步工时 辅助
1	钻孔 4×φ13	专用钻夹具	630	25.7	0.4	6.5	1	0.44	0.605
2	钻孔 2×φ7	卧轴分度台 φ500	1000	22	0.3	3.5	1	0.1	0.37
3	扩钻孔 2×φ8.8，孔口倒角 1×45°	麻花钻 φ13，φ7 扩孔钻 φ8.8	400	11	0.3	0.9	1	0.22	0.33
4	铰孔 2×φ9	铰刀 φ9F9 塞规 φ9F9	630	17.8	0.3	0.1	1	0.14	0.63

			设计（日期）	校对（日期）	审核（日期）	标准化（日期）	会签（日期）
标记	处数	更改文件号	签字	日期	标记	处数	更改文件号	签字	日期

表 2-1-13 机械加工工序卡片（三）

机械加工工序卡片		产品型号		零件图号				共 13 页	第 3 页
		产品名称		零件名称	犁刀变速齿轮箱体			材料牌号	HT200
		车间	旋耕机	工序号	30	工序名称	粗铣 R 面、Q 面	毛坯外形尺寸	177×168×150
		毛坯种类	铸件			每毛坯可制件数	1	同时加工件数	1
		设备名称	立式铣床	设备型号		设备编号		切削液	
		夹具编号		夹具名称	粗铣 R 及 Q 面夹具			工序工时/分 准终　单件	
		工位器具编号		工位器具名称					
工步号	工步内容		工艺设备	主轴转速 r/min	切削速度 m/min	进给量 mm/r	切削深度 mm	进给次数	工步工时 机动　辅助
1	粗铣 R 及 Q 面		专用铣夹具 可转位面铣刀 φ160	120	60	2	R 面 3.5 Q 面 4.5	1	
				设计（日期）	校对（日期）	审核（日期）	标准化（日期）	会签（日期）	
标记	处数	更改文件号	签字	日期	标记	处数	更改文件号	签字	日期

表 2-1-14 机械加工工序卡片（四）

机械加工工序卡片		产品型号		零件图号				共 13 页	第 4 页
		产品名称	旋耕机	零件名称	犁刀变速齿轮箱体			材料牌号	HT200
		车间		工序号	工序名称			每台件数	1
				40	铣凸台面				
		毛坯种类	铸件	毛坯外形尺寸	每毛坯可制件数			同时加工件数	1
				177×168×150					
		设备名称	立式铣床	设备型号	设备编号			切削液	
				X52K					
		夹具编号		夹具名称	专用铣夹具			工序工时/分	
								准终	单件
		工位器具编号		工位器具名称					
工步号	工 步 内 容	工 艺 设 备	主轴转速 r/min	切削速度 m/min	进给量 mm/r	切削深度 mm	进给次数	工步工时	
								机动	辅助
1	粗铣凸台面	专用铣夹具 莫氏锥柄面铣刀 φ80	300	75.4	1.2	4	1		
			设计（日期）	校对（日期）	审核（日期）	标准化（日期）	会签（日期）		
标记	处数	更改文件号	签字	日期	标记	处数	更改文件号	签字	日期

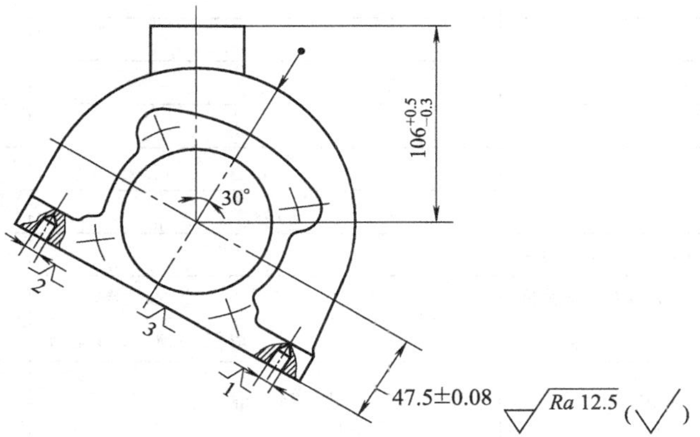

√Ra 12.5 (√)

$106^{+0}_{-0.3}$

$47.5±0.08$

30°

表 2-1-15 机械加工工序卡片（五）

机械加工工序卡片		产品型号		零件图号				共 13 页	第 5 页
		产品名称		零件名称	犁刀变速齿轮箱体			材料牌号	HT200
		旋耕机	车间	工序号	50	工序名称	粗镗孔 2×φ80，倒角	每台件数	1
			毛坯种类	铸件	毛坯外形尺寸	177×168×150	每毛坯可制件数	同时加工件数	1
			设备名称	组合机床	设备型号		设备编号	切削液	
			夹具编号		夹具名称	粗镗孔夹具			
			工位器具编号		工位器具名称			工序工时/分	
								准终	单件
工步号	工步内容		工艺设备		主轴转速 r/min	切削速度 m/min	进给量 mm/r	切削深度 mm	进给次数	工步工时
										机动	辅助
1	粗镗孔 2×φ80，倒角		专用镗模 塞规 φ79.5H10 镗杆、镗刀、倒角刀		96	24	0.2	2.75	1		
				设计（日期）	校对（日期）	审核（日期）	标准化（日期）	会签（日期）	
标记	处数	更改文件号	签字	日期	标记	处数	更改文件号	签字	日期

φ79.5H10($^{+0.120}_{0}$) C1 47.5±0.08 66±0.2 $\sqrt{Ra\,12.5}$ (√)

表 2-1-16　机械加工工序卡片（六）

机械加工工序卡片		产品型号		零件图号				共 13 页	第 6 页
		产品名称	旋耕机	零件名称	犁刀变速齿轮箱体			材料牌号	HT200
		车间		工序号	60	工序名称	精铣 N 面		
		毛坯种类	铸件	毛坯外形尺寸	177×168×150	每毛坯可制件数	1	每台件数	1
		设备名称	卧式铣床	设备型号	X6132	设备编号		同时加工件数	1
		夹具编号		夹具名称	精铣 N 面夹具			切削液	
		工位器具编号		工位器具名称				工序工时/分	
								准终	单件
工步号	工步内容		工艺设备	主轴转速 r/min	切削速度 m/min	进给量 mm/r	切削深度 mm	进给次数	工步工时
									机动　辅助
1	精铣 N 面		专用铣夹具 可转位面铣刀 φ200 刀口尺	300	188.4	0.5	1.5	1	
				设计（日期）	校对（日期）	审核（日期）	标准化（日期）	会签（日期）	
标记	处数	更改文件号	签字	日期					
标记	处数	更改文件号	签字	日期					

表 2-1-17 机械加工工序卡片（七）

机械加工工序卡片		产品型号		零件图号			共 13 页	第 7 页
		产品名称	旋耕机	零件名称	犁刀变速齿轮箱体		材料牌号	HT200
		车间		工序号	70	工序名称	精铰孔 2×φ10	
		毛坯种类	铸件	毛坯外形尺寸	177×168×150	每毛坯可制件数	1	每台件数	1
		设备名称	摇臂钻床	设备型号	Z3025	设备编号		同时加工件数	1
		夹具编号		夹具名称	精扩铰孔 2×φ10 夹具		切削液	
				工位器具编号		工位器具名称	工序工时/分	
							准终	单件
工步号	工步内容	工艺设备	主轴转速 r/min	切削速度 m/min	进给量 mm/r	切削深度 mm	进给次数	工步工时	
								机动	辅助
1	扩孔 2×φ9.9F9	专用钻夹具 扩孔钻 φ9.9	400	12.4	0.3	0.95	1		
2	精铰孔 2×φ10F7	铰刀 φ10F7 塞规 φ10F7	630	19.8	0.3	0.95	1		
			设计（日期）	校对（日期）	审核（日期）	标准化（日期）	会签（日期）		
标记	处数	更改文件号	签字	日期	标记	处数	更改文件号	签字	日期

表 2-1-18 机械加工工序卡片（八）

机械加工工序卡片	产品型号		零件图号		共 13 页	第 8 页
	产品名称	犁刀变速齿轮箱体	零件名称		材料牌号	HT200
	车间	旋耕机	工序号	80	工序名称	精铣 R 面及 Q 面
	毛坯种类	铸件	毛坯外形尺寸	177×168×150	每毛坯可制件数	1
	设备名称	组合铣床	设备型号		设备编号	同时加工件数 1
	夹具编号		夹具名称		切削液	
	工位器具编号		工位器具名称	精铣 R 面及 Q 面夹具	工序工时/分 准终 单件	

工步号	工 步 内 容	工 艺 设 备	主轴转速 r/min	切削速度 m/min	进给量 mm/r	切削深度 mm	进给次数	工步工时 机动 辅助
1	精铣 R 面, Q 面	专用铣夹具 可转位面铣刀 ϕ160 专用检具	240	120	1.2	0.5	1	

			设计（日期）	校对（日期）	审核（日期）	标准化（日期）	会签（日期）
标记	处数	更改文件号	签字	日期			
标记	处数	更改文件号	签字	日期			

表 2-1-19 机械加工工序卡片（九）

机械加工工序卡片		产品型号		零件图号				共 13 页	第 9 页
		产品名称	旋耕机	零件名称	梨刀变速齿轮箱体	工序号	90	材料牌号	HT200
		车间		工序名称	精镗孔 2×φ80H7	毛坯外形尺寸	177×168×150	每台件数	1
		毛坯种类	铸件	设备名称	组合铣床	设备型号		每毛坯可制件数	1
		夹具编号		夹具名称	精镗孔夹具	设备编号		同时加工件数	1
		工位器具编号		工位器具名称		切削液			
工步号	工步内容			工艺设备		主轴转速 r/min	切削速度 m/min	进给量 mm/r	切削深度 mm	进给次数	工步工时 准终	工步工时 单件
											机动	辅助
1	精镗孔 2×φ80H7			精镗模 镗杆及微调镗刀 专用检具		287	72	0.12	0.25	1		
						设计（日期）	校对（日期）	审核（日期）	标准化（日期）		会签（日期）	
标记	处数	更改文件号	签字	日期	标记	处数	更改文件号	签字	日期			

表 2-1-20 机械加工工序卡片（十）

机械加工工序卡片		产品型号		零件图号			共 13 页	第 10 页
		产品名称		零件名称	犁刀变速齿轮箱体		材料牌号	HT200
		车间	旋耕机	工序名称	凸台面各孔钻、攻螺纹	工序号	100	每台件数 1
		毛坯种类	铸件	毛坯外形尺寸	177×168×150	每毛坯可制件数	1	同时加工件数 1
		设备名称	摇臂钻	设备型号	Z3025	设备编号		
		夹具编号		夹具名称	专用钻夹具	工位器具名称	钻扩铰凸台面孔夹具	切削液
		工位器具编号		工位器具名称				工序工时/分 准终 单件

工步号	工步内容	工艺设备	主轴转速 r/min	切削速度 m/min	进给量 mm/r	切削深度 mm	进给次数	工步工时 机动 辅助
1	钻孔 φ20	专用钻夹具	400	25	0.4	10	1	
2	扩球形孔 Sφ30H9 至 Sφ29.8H10	麻花钻 φ5,φ20	400	37.4	0.3	4.9	1	
3	铰球形孔 Sφ30H9 至 Sφ30H9 尺寸	球形扩孔钻 φ29.8	630	47	0.3	0.1	1	
4	钻 4×M6 螺纹底孔 4×φ5,孔口倒角 1×45°	球形铰刀 φ130H9	1000	15.7	0.3	2.5	1	
5	攻螺纹 4×M6-6H	丝锥 M6	125	2.4	1	0.5	1	

		设计（日期）	校对（日期）	审核（日期）	标准化（日期）	会签（日期）
标记	处数	更改文件号	签字	日期	标记 处数 更改文件号 签字 日期	

表 2-1-21 机械加工工序卡片（十一）

机械加工工序卡片		产品型号		零件图号			共 13 页	第 11 页
		产品名称		零件名称	犁刀变速齿轮箱体		材料牌号	HT200
		车间	旋耕机	工序号	110	工序名称	锪平面 4×φ22	每台件数 1
		毛坯种类	铸件	毛坯外形尺寸	177×168×150	每毛坯可制件数 1	设备编号	同时加工件数 1
		设备名称	摇臂钻	设备型号	Z3025			
		夹具编号		夹具名称	锪平面 4×φ22 夹具		切削液	
		工位器具编号		工位器具名称			工序工时/分	
							准终	单件
工步号	工 步 内 容	工艺设备	主轴转速 r/min	切削速度 m/min	进给量 mm/r	切削深度 mm	进给次数	工步工时
								机动　辅助
1	锪平面 4×φ22	专用锪钻 φ22	400	27.6	0.12	4.5	1	
			设计（日期）	校对（日期）	审核（日期）	标准化（日期）	会签（日期）	
标记	处数	更改文件号	签字	日期	标记	处数	更改文件号	签字　日期

表 2-1-22 机械加工工序卡片（十二）

机械加工工序卡片		产品型号		零件图号			共 13 页	第 12 页
		产品名称		零件名称	犁刀变速齿轮箱体		材料牌号	HT200
		旋耕机	车间	工序号	120	工序名称	钻铰 R,Q 面各孔	
			毛坯种类	毛坯外形尺寸	177×168×150	每毛坯可制件数	1	每台件数
			铸件	设备名称	设备型号	设备编号		同时加工件数
				摇臂钻	Z3025			1
			夹具编号	工位器具编号		夹具名称	钻铰 R,Q 面各孔夹具	切削液
						工位器具名称		

工步号	工 步 内 容	工艺设备	主轴转速 r/min	切削速度 m/min	进给量 mm/r	切削深度 mm	进给次数	工步工时 机动	工步工时 辅助
1	钻 R 面 4×M12 螺纹底孔 4×φ10.2,孔口倒角 1×45°	专用钻夹具	630	20	0.3	5.1	1		
2	钻 R 面 φ8N8 至 φ7H10	麻花钻 φ7,φ10.2	1000	24	0.3	3.5	1		
3	扩 R 面 φ8N8 至 φ7.9 至尺寸	扩孔钻 φ7.9	630	15.6	0.3	0.45	1		
4	精铰 R 面 φ8N8 至尺寸	铰刀 φ8N8	630	15.8	0.3	0.05	1		
5	钻 Q 面 4×M12 螺纹底孔,孔口倒角 1×45°	塞规 φ8N8	1000	20	0.3	5.1	1		
6	钻 Q 面 φ8N8 至 φ7N10		630	24	0.3	3.5	1		
7	扩 Q 面 φ8N8 至 φ7.9N9		630	15.6	0.3	0.45	1		
8	精铰 Q 面 φ8N8 至尺寸		630	15.8	0.3	0.05	1		

				设计（日期）	校对（日期）	审核（日期）	标准化（日期）	会签（日期）
标记	处数	更改文件号	签字	日期				
标记	处数	更改文件号	签字	日期				

表 2-1-23 机械加工工序卡片（十三）

机械加工工序卡片		产品型号		零件图号			共 13 页	第 13 页
		产品名称	旋耕机	零件名称	犁刀变速齿轮箱体		材料牌号	HT200
		车间		工序号	130	工序名称	攻螺纹 8×M12-6H	
		毛坯种类	铸件	毛坯外形尺寸	177×168×150	每毛坯可制件数	1	每台件数 1
		设备名称	摇臂钻	设备型号	Z3025	设备编号		同时加工件数 1
		夹具编号		夹具名称	攻螺纹 8×M12 夹具		切削液	
				工位器具编号		工位器具名称	工序工时/分	
							准终	单件
工步号	工步内容	工艺设备	主轴转速 r/min	切削速度 m/min	进给量 mm/r	切削深度 mm	进给次数	工步工时
								机动 辅助
1	攻 R 面螺纹 4×M12-6H	丝锥 M12	125	4.7	1.75	0.9	1	
2	攻 Q 面螺纹 4×M12-6H							
						设计（日期）	校对（日期）	审核（日期）	标准化（日期）	会签（日期）
标记	处数	更改文件号	签字	日期	标记	处数	更改文件号	签字	日期

二、某产品中齿轮零件

(一) 计算生产纲领,确定生产类型

图 2-1-15 所示为某产品上的一个齿轮零件。该产品年产量为 2000 台,设其备品率为 10%,机械加工废品率为 1%,现制订该齿轮零件的机械加工工艺规程。

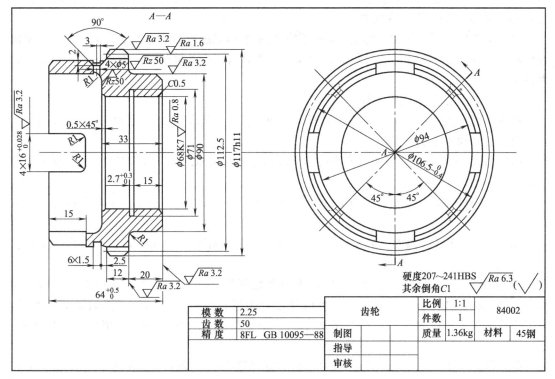

图 2-1-15 齿轮零件图

$$N = Qn(1 + a\% + b\%) = 2000 \times 1 \times (1 + 10\% + 1\%)$$
$$= 2220 (件/年)$$

齿轮零件的年产量为 2220 件,现已知该产品属于轻型机械,根据教材表 2-3 生产类型与生产纲领的关系,确定其生产类型为中批生产。

(二) 零件的分析

齿轮零件的图样的视图正确、完整,尺寸、公差及技术要求齐全。但基准孔 $\phi68K7$ 要求 $Ra0.8\mu m$ 有些偏高。一般 8 级精度的齿轮,其基准孔要求 $Ra1.6\mu m$ 即可。本零件各表面的加工并不困难。关于 4 个 $\phi5mm$ 的小孔,其位置是在外圆柱面上 $6mm \times 1.5mm$ 的沟槽内,孔中心线与沟槽一侧面距离为 3mm。由于加工时,不能选用沟槽的侧面为定位基准,故要较精确地保证上述要求则比较困难。分析该小孔是作油孔之用,位置精度不需要太高,只要钻到沟槽之内,即能使油路畅通,因此 4 个 $\phi5mm$ 的孔加工亦不成问题。

(三) 选择毛坯

齿轮是最常用的传动件,要求具有一定的强度。该零件的材料为 45 钢,轮廓尺寸不大,形状亦不复杂,又属成批生产,故毛坯可采用模锻成形。

零件形状并不复杂,因此毛坯形状可以与零件的形状尽量接近,即外形做成台阶形,内部孔锻出。

毛坯尺寸通过确定加工余量后决定。

（四）工艺规程设计

1. 定位基准的选择

本零件是带孔的盘状齿轮，孔是其设计基准（亦是装配基准和测量基准），为避免由于基准不重合而产生的误差，应选孔为定位基准，即遵循"基准重合"的原则。具体而言，即选 ϕ68K7 孔及一端面作为精基准。

由于本齿轮全部表面都需加工，而孔作为精基准应先进行加工，因此应选外圆及一端面为粗基准。外圆 ϕ117h11 处为分模面，表面不平整，有飞边等缺陷，定位不可靠，故不能选为粗基准。

2. 零件表面加工方法的选择

本零件的加工面有外圆、内孔、端面、齿面、槽及小孔等，材料为 45 钢。参考教材中有关资料，其加工方法选择如下。

(1) ϕ90mm 外圆面　为未注公差尺寸，表面粗糙度为 $Ra3.2\mu m$，需进行粗车及半精车（见教材表 2-14）。

(2) 齿圈外圆面　公差等级为 IT11，表面粗糙度 $Ra3.2\mu m$，粗车、半精车即可（见教材表 2-14）。

(3) ϕ106.5mm 外圆面　公差等级为 IT12，表面粗糙度 $Ra6.3\mu m$，粗车即可（见教材表 2-14）。

(4) ϕ68K7 内孔　公差等级为 IT7，表面粗糙度为 $Ra0.8\mu m$，毛坯孔已锻出，为未淬火钢，见教材表 2-15，可采取粗镗、半精镗之后用精镗拉孔或磨孔等都能满足加工要求。由于拉孔适用于大批量生产，磨孔适用于单件小批生产，故本零件宜采用粗镗、半精镗、精镗。

(5) ϕ94mm 内孔　为未注公差尺寸，公差等级按 IT14，表面粗糙度为 $Ra6.3\mu m$，毛坯孔已锻出，只需粗镗即可（见教材表 2-15）。

(6) 端面　本零件的端面为回转体端面，尺寸精度都要求不高，表面粗糙度为 $Ra3.2\mu m$ 及 $Ra6.3\mu m$ 两种要求。要求 $Ra3.2\mu m$ 的端面经粗车和半精车，要求 $Ra6.3\mu m$ 的端面，经粗车即可（见教材表 2-16）。

(7) 齿面　齿轮模数为 2.25mm，齿数为 50，精度 8FL，表面粗糙度 $Ra1.6\mu m$，采用 A 级单头滚刀滚齿即能达要求。

(8) 槽　槽宽和槽深的公差等级分别为 IT13 和 IT14，表面粗糙度分别为 $Ra3.2\mu m$ 和 $Ra6.3\mu m$，需采用三面刃铣刀、粗铣、半精铣。

(9) ϕ5mm 小孔　采用钻、锪加工出。

3. 制订工艺路线

齿轮的加工工艺路线一般是先进行齿坯的加工，再进行齿面加工。齿坯加工包括各圆柱表面及端面的加工。按照先加工基准面及先粗后精的原则，齿坯加工可按下述工艺路线进行。

工序 10：以外圆 ϕ106.5mm 及端面定位，粗车另一端面，粗车外圆 ϕ90mm 及台阶面，粗车外圆 ϕ117mm，粗镗孔 ϕ68mm。

工序 20：以粗车后的外圆 ϕ90mm 及端面定位，粗车另一端面，粗车外圆 ϕ106.5mm 及台阶面，车 6mm×1.5mm 沟槽，粗镗孔 ϕ94mm，倒角。

工序 30：以粗车后的外圆 ϕ106.5mm 及端面定位，半精车另一端面，半精车外圆

ϕ90mm 及台阶面，半精车外圆 ϕ117mm，半精镗孔 ϕ68K7，倒角。

工序 40：以外圆 ϕ90mm 及端面定位，精镗孔 ϕ68K7，镗孔内的沟槽，倒角。

工序 50：以 ϕ68K7 孔及端面定位，滚齿。

4 个槽与 4 个小孔的加工安排在最后，考虑定位方便，应先铣槽后钻孔。

工序 60：以孔 ϕ68K7 及端面定位，粗铣 4 个槽。

工序 70：以孔 ϕ68K7、端面及粗铣后的一个槽定位，半精铣 4 个槽。

工序 80：以孔 ϕ68K7、端面及一个槽定位，钻 4 个小孔。

工序 90：钳工去毛刺。

工序 100：终检。

4. 确定机械加工余量及毛坯尺寸，设计毛坯-零件综合图

(1) 确定机械加工余量　钢质模锻件的机械加工余量按有关标准确定。确定时，根据估算的锻件质量、加工精度及锻件形状复杂系数，由附表 1-1 可查得除孔以外各内、外表面的加工余量。孔的加工余量由表 2-1-24 查得。

表 2-1-24　锻件内孔直径的机械加工余量（单面余量）　　　　　　　　mm

孔 径		孔 深				
大于	到	大于 0 到 63	63 100	100 140	140 200	200 280
	25	2.0	—	—	—	—
25	40	2.0	2.6	—	—	—
40	63	2.0	2.6	3.0	—	—
63	100	2.5	3.0	3.0	4.0	—
100	160	2.6	3.0	3.4	4.0	4.6
160	250	3.0	3.0	3.4	4.0	4.6

① 锻件质量：根据零件成品质量 1.36kg 估算为 2.2kg。

② 加工精度：零件除孔以外的各表面为一般加工精度。

③ 锻件形状复杂系数 S

$$S = \frac{m_{锻件}}{m_{外轮廓包容体}}$$

假设的最大直径为 ϕ121mm，长 68mm，则

$$m_{外轮廓包容体} = \pi R^2 l d_{密度} = 3.14 \times \left(\frac{12.1}{2}\right)^2 \times 6.8 \times 7.85\text{g}$$

$$= 6135\text{g} = 6.135\text{kg}$$

$$m_{锻件} = 2.2\text{kg}$$

故

$$S = \frac{2.2}{6.135} = 0.359$$

表 2-1-25　锻件形状复杂系数 S

级 别	S 数值范围	级 别	S 数值范围
简单	$S_1 > 0.63 \sim 1$	较复杂	$S_3 > 0.16 \sim 0.32$
一般	$S_2 > 0.32 \sim 0.63$	复杂	$S_4 \leq 0.16$

按表 2-1-25 查得形状复杂系数为 S_2，属一般级别 F_1。

④ 机械加工余量：根据锻件质量、F_1、S_2 附表 1-1。由于表中形状复杂系数只列 S_1 和 S_3，则 S_2 参考 S_1 定，S_4 参考 S_3 定。由此查得直径方向为 1.7～2.2mm，即锻件各外径的单面余量为 1.7～2.2mm，各轴向尺寸的单面余量亦为 1.7～2.2mm。锻件中心两孔的单面余量按表 2-1-24 查得为 2.5mm。

(2) 确定毛坯尺寸　上面查得的加工余量适用于机械加工表面粗糙度 $Ra \geqslant 1.6\mu m$。$Ra < 1.6\mu m$ 的表面，余量适当增大。故 $\phi 68K7$ 孔需增加精镗的加工余量。参考磨孔余量确定精镗孔单面余量为 0.5mm，则毛坯尺寸如表 2-1-26 所示。

表 2-1-26　齿轮毛坯（锻件）尺寸　　　　　　　　　　　　　　　　　　　　　mm

零件尺寸	单面加工余量	锻件尺寸	零件尺寸	单面加工余量	锻件尺寸
$\phi 117h11$	2	$\phi 121$	$64^{+0.5}_{\ 0}$	2 及 1.7	67.7
$\phi 106.5^{\ 0}_{-0.4}$	1.75	$\phi 110$	20	2 及 2	20
$\phi 90$	2	$\phi 94$	12	2 及 1.7	15.7
$\phi 94$	2.5	$\phi 89$	$\phi 94$ 孔深 31	1.7 及 1.7	31
$\phi 68K7$	3	$\phi 62$			

(3) 设计毛坯-零件综合图

① 确定毛坯尺寸公差　毛坯尺寸公差根据锻件质量、形状复杂系数、分模线形状种类及锻件精度等级从手册中查得。本零件锻件质量 2.2kg，形状复杂系数为 S_2，45 钢含碳量为 0.42%～0.50%，其最高含碳量为 0.5%，按表 2-1-27 查得：锻件材质系数为 M_1，采取平直分模线，锻件为普通精度等级，则毛坯偏差可从附表 1-2、附表 1-3 中查得。列表 2-1-28 如下。

表 2-1-27　锻件材质系数

级　　别	钢的最高含碳量	合金钢的合金元素最高总含碳量
M_1	＜0.65%	＜3.0%
M_2	≥0.65%	≥3.0%

表 2-1-28　齿轮毛坯（锻件）尺寸允许偏差　　　　　　　　　　　　　　　　　mm

锻件尺寸	偏　差	根　据	锻件尺寸	偏　差	根　据
$\phi 121$	+1.7 -0.8	附表 1-2	$\phi 62(\phi 54)$	+0.6 -1.4	附表 1-2
$\phi 110$	+1.5 -0.7		20	±0.9	
			31	±1.0	
$\phi 94$	+1.5 -0.7		15.7	+1.2 -0.4	附表 1-3
$\phi 89$	+0.7 -1.5		67.7	+1.7 -0.5	

② 确定圆角半径　锻件圆角半径按表 2-1-29 确定。本锻件各部分的 H/B 皆小于 2，故可用下式计算

外圆角半径　　　$r = 0.05H + 0.5$

内圆角半径　　　$R = 2.5r + 0.5$

表 2-1-29　锻件圆角半径计算表　　　　　　　　　　　　　　　mm

H/B	r	R
≤2	0.05H+0.5	2.5r+0.5
>2~4	0.06H+0.5	3.0r+0.5
>4	0.07H+0.5	3.5r+0.5

为简化起见，本锻件的内外圆角半径分别取相同数值。以最大的 H 进行计算。
$r = (0.05 \times 32 + 0.5)$ mm $= 2.1$ mm，取 $r = 2.5$ mm。
$R = (2.5 \times 2.5 + 0.5)$ mm $= 6.75$ mm，取 $R = 7$ mm。

③ 确定拔模角　本锻件上、下模模镗深度不相等，拔模角应以模镗较深的一侧计算。

$$\frac{L}{B} = \frac{110}{110} = 1, \quad \frac{H}{B} = \frac{32}{110} = 0.291$$

按附表 1-4 查得，外拔模角 $\alpha = 5°$，内拔模角 $\beta = 7°$。

④ 确定分模位置　由于毛坯是 $H < D$ 的圆盘类锻件，应采取轴向分模。这样可冲内孔，使材料利用率得到提高。为了便于起模及便于发现上、下模在模锻过程中错移，分模线位置选在最大外径的中部，分模线为直线。

⑤ 确定毛坯的热处理方式　钢质齿轮毛坯经锻造后应安排正火，以消除残留的锻造应力，并使不均匀的金相组织通过重新结晶而得到细化、均匀的组织，从而改善了加工性。

图 2-1-16 所示为本零件毛坯-零件综合图。

5. 工序设计

(1) 选择加工设备与工艺装备

① 选择机床

a. 工序 10、20、30 是粗车和半精车。本零件外廓尺寸不大，精度要求不是很高，选用最常用的 CA6140 型卧式车床即可。

b. 工序 40 为精镗孔。由于加工的零件外廓尺寸不大，又是回转体，故宜在车床上镗孔。选 C616A 型。

c. 工序 50 滚齿。从加工要求及尺寸大小考虑，选 Y3150 型滚齿机较合适。

d. 工序 60、70 是用三面刃铣刀粗铣及半精铣槽，应选卧式铣床 X6132。

e. 工序 80 钻小孔 $4 \times \phi 5$ mm，可采用专用的分度夹具在立式钻床上加工，可选 Z518 立式钻床。

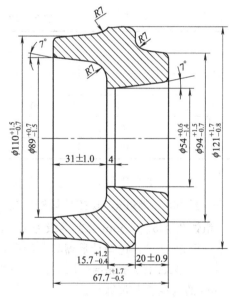

图 2-1-16　毛坯-零件综合图

② 选择夹具　本零件除粗铣及半精铣槽、钻小孔等工序需要专用夹具外，其他各工序使用通用夹具即可。前四道车床工序用三爪自定心卡盘，滚齿工序用心轴。

③ 选择刀具

a. 在车床上加工，一般都选用硬质合金车刀和镗刀。加工钢质零件采用 YT 类硬质合金，粗加工用 YT5，半精加工用 YT15，精加工用 YT30。为提高生产率及经济性，可选用可转位车刀。切槽刀宜选用高速钢。

b. 滚齿采用 A 级单头滚刀能达到 8 级精度。滚刀的选择，选模数 2.25mm 的 II 型 A 级精度滚刀。

c. 铣刀选错齿三面刃铣刀，零件要求铣切深度为 15mm。铣刀直径应为 110～150mm。因此所选铣刀：半精铣工序铣刀直径 $d=125$mm，$L=16$mm，孔径 $D=32$mm，齿数 $z=20$；粗铣由于留有双面余量 2mm，槽宽加工到 14mm，铣刀规格为 $d=125$mm，$L=14$mm，$D=32$mm，$z=20$。

d. 钻小孔 ϕ5mm，用 ϕ5 直柄麻花钻，带 90°倒角的锪钻。

④ 选择量具　本零件属成批生产，一般均采用通用量具。选择量具的方法有两种：一是按计量器具的不确定度选择；二是按计量器具的测量方法极限误差选择。

a. 选择各外圆加工面的量具。工序 30 中半精车外圆 ϕ117h11 达到图纸要求，现按计量器具的不确定度选择该表面加工时所用量具：该尺寸公差 $T=0.22$mm。

按工艺人员手册，计量器具不确定度允许值 $U_1=0.016$mm。选择测量范围 100～125mm，分度值为 0.01mm 的外径百分尺。

按照上述方法选择本零件各外圆加工面的量具如表 2-1-30 所示。

表 2-1-30　外圆加工面所用量具　　　　　　　　　　　mm

工序	加工面尺寸	尺寸公差	量　具
10	ϕ118.5	0.54	分度值 0.02、测量范围 0～150 游标卡尺
	ϕ91.5	0.87	
20	ϕ106.5	0.4	
30	ϕ90	0.87	分度值 0.05、测量范围 0～150 游标卡尺
	ϕ117	0.22	分度值 0.01、测量范围 100～125 外径百分尺

b. 选择加工孔用量具。ϕ68K7 孔经粗镗、半精镗、精镗三次加工。粗镗至 $\phi 65^{+0.19}_{~~0}$mm 半精镗至 $\phi 65^{+0.09}_{~~0}$mm。现按计量器的测量方法极限误差选择其量具。

粗镗孔 $\phi 65^{+0.19}_{~~0}$mm 公差等级为 IT11，由工艺人员手册查得，根据粗镗孔 $\phi 65^{+0.19}_{~~0}$mm 公差等级为 IT11，选择计量器具。精度系数 $K=10\%$，计量器具测量方法的极限误差 $\Delta_{\lim}=KT=(0.1\times 0.19)mm=0.019$mm。可选内径百分尺，选分度值 0.01mm、测量范围 50～125mm 的内径百分尺即可。

半精镗孔 $\phi 65^{+0.09}_{~~0}$ 公差等级约为 IT9，则 $K=20\%$，$\Delta_{\lim}=KT=(0.2\times 0.09)mm=0.018$mm，根据工艺人员手册，选测量范围为 50～100mm、测孔深度为 I 型的一级内径百分表。

精镗 ϕ68K7 孔，由于精度要求高，加工时每个工件都需进行测量，故宜选用极限量规。由手册可知，根据孔径可选三牙锁紧式圆柱塞规。

c. 选择加工轴向尺寸所用量具。加工轴向尺寸所选量具如表 2-1-31。

d. 选择加工槽所用量具。槽经粗铣、半精铣两次加工。槽宽及槽深的尺寸公差等级为，粗铣时均为 IT14；半精铣时，槽宽 IT13，槽深 IT14。均可选用分度值为 0.02mm、测量范围 0～150mm 游标卡尺进行测量。

表 2-1-31 加工轴向尺寸所选量具 mm

工 序	尺寸及公差	量 具
10	66.4	分度值 0.02、测量范围 0～150 游标卡尺
10	20	分度值 0.02、测量范围 0～150 游标卡尺
20	64.7	分度值 0.02、测量范围 0～150 游标卡尺
20	32	分度值 0.02、测量范围 0～150 游标卡尺
20	31	分度值 0.02、测量范围 0～150 游标卡尺
30	20	分度值 0.01、测量范围 0～25 深度百分尺
30	64	分度值 0.01、测量范围 100～125 外径百分尺

e. 选择滚齿工序所用量具。滚齿工序在加工时测量公法线长度即可。根据手册,选分度值 0.01mm、测量范围 25～50mm 的公法线百分尺。

(2) 确定工序尺寸　确定工序尺寸一般的方法是,由加工表面的最后工序往前推算,最后工序的工序尺寸按零件图样的要求标注。当无基准转换时,同一表面多次加工的工序尺寸只与工序(或工步)的加工余量有关。当有基准转换时,工序尺寸应用工艺尺寸链解算。

① 确定圆柱面的工序尺寸　前面根据有关资料已查出本零件各圆柱面的总加工余量(毛坯余量),然后查出各工序加工余量(除粗加工外),总加工余量减去各工序加工余量之和,即为粗加工余量。中间工序尺寸的公差按加工方法的经济精度确定。

本零件各圆柱表面的工序加工余量、工序尺寸及公差、表面粗糙度如表 2-1-32 所列。

表 2-1-32　圆柱表面的工序加工余量、工序尺寸及公差、表面粗糙度

加 工 表 面	工序双边余量/mm			工序尺寸及公差/mm			表面粗糙度 $Ra/\mu m$		
	粗	半精	精	粗	半精	精	粗	半精	精
$\phi 117h11$ 外圆	2.5	1.5	—	$\phi 118.5_{-0.54}^{0}$	$\phi 117_{-0.22}^{0}$	—	6.3	3.2	
$\phi 106.5_{-0.4}^{0}$ 外圆	3.5	—	—	$\phi 106.5_{-0.4}^{0}$	—	—	6.3		
$\phi 90$ 外圆	2.5	1.5	—	$\phi 91.5$	$\phi 90$	—	6.3	3.2	
$\phi 94$ 孔	5			$\phi 94$			6.3		
$\phi 68K7$ 孔	3	2	1	$\phi 65_{0}^{+0.19}$	$\phi 67_{0}^{+0.074}$	$\phi 68_{-0.021}^{+0.009}$	6.3	1.6	0.8

② 确定轴向工序尺寸　本零件各工序的轴向尺寸如图 2-1-17 所示。

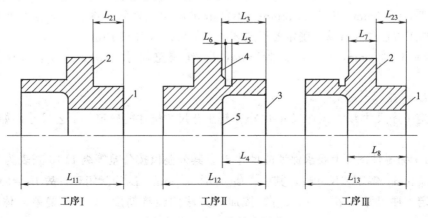

图 2-1-17　各工序轴向尺寸

a. 确定各加工表面的工序加工余量，见表 2-1-33。

表 2-1-33 各端面的工序加工余量   mm

工 序	加工表面	总加工余量	工序加工余量
I	1	2	$Z_{11}=1.3$
	2	2	$Z_{12}=1.3$
II	3	1.7	$Z_{32}=1.7$
	4	1.7	$Z_{42}=1.7$
	5	1.7	$Z_{52}=1.7$
III	1	2	$Z_{13}=0.7$
	2	2	$Z_{23}=0.7$

b. 确定工序尺寸 L_{13}、L_{23}、L_5 及 L_6。该尺寸在工序 20、30 中应达到零件图样的要求，则 $L_{13}=64^{+0.5}_{0}$mm，$L_5=6$mm，$L_6=2.5$mm，$L_{23}=20$mm。

c. 确定工序尺寸 L_{12}、L_{11}、L_{21}。这些尺寸只与加工余量有关，则

$$L_{12}=L_{13}+Z_{13}=(64+0.7)\text{ mm}=64.7\text{mm}$$
$$L_{11}=L_{12}+Z_{32}=(64.7+1.7)\text{ mm}=66.4\text{mm}$$
$$L_{21}=L_{23}+Z_{13}-Z_{23}=(20+0.7-0.7)\text{ mm}=20\text{mm}$$

d. 确定工序尺寸 L_3。尺寸 L_3 需解工艺尺寸链才能确定，工艺尺寸链如图 2-1-18 所示。

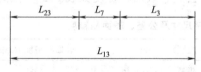 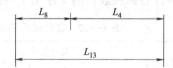

图 2-1-18 含尺寸 L_3 的工艺尺寸链   图 2-1-19 含尺寸 L_4 的工艺尺寸链

图中 L_7 为未注公差尺寸，其公差等级按 IT14，查公差表得公差值为 0.27mm，则 $L_7=12^{\ \ 0}_{-0.43}$mm。

根据尺寸链计算公式

$$L_7=L_{13}-L_{23}-L_3$$
$$L_3=L_{13}-L_{23}-L_7=(64-20-12)\text{mm}=32\text{mm}$$
$$T_7=T_{13}+T_{23}+T_3 \quad (L_7\text{ 为封闭环})$$

由于 $T_{13}=0.5$mm，$T_7=0.43$mm，不能满足尺寸公差的关系式，必须缩小组成环公差。现按加工方法的经济精度确定各组成环上、下偏差（取 IT10）。

故 $L_{13}=64^{\ \ 0}_{-0.1}$mm，$L_{23}=20^{+0.08}_{0}$mm，L_3 作调整尺寸，$L_7=12^{\ \ 0}_{-0.43}$（封闭环尺寸不变）。

求得 $L_3=32^{+0.25}_{0}$mm。

e. 确定工序尺寸 L_4。工序尺寸 L_4 亦需解工艺尺寸链才能确定。工艺尺寸链如图 2-1-19 所示。

图中 L_8 为零件图样上要求保证的尺寸 33。其公差值按公差等级 IT13 查表为 0.39mm，$L_8=33^{\ \ 0}_{-0.39}$mm。解工艺尺寸链，其中：$L_{13}=64^{\ \ 0}_{-0.1}$mm L_8 为封闭环，故 $L_4=31^{+0.29}_{0}$。

f. 确定工序尺寸 L_{11}、L_{12}、L_{21}。按加工方法的经济精度 IT12 及偏差入体原则，得 $L_{11}=66.4^{\ \ 0}_{-0.34}$mm，$L_{12}=64.7^{\ \ 0}_{-0.34}$mm，$L_{21}=20^{+0.21}_{0}$mm。

表 2-1-34 工艺卡片（一）

工艺卡片				产品型号	CA6140车床	零件图号	84002		共3页	第1页
				产品名称		零件名称	齿轮			
材料牌号	毛坯种类	毛坯外形尺寸	每毛坯件数	零件毛重/kg	零件净重/kg	材料消耗定额	每台产品零件数		每批数量	
45钢	模锻件	φ121×68	1	2.2	1.36		1			
工序	安装	工步	工序内容	设备名称及型号	夹具	工艺装备名称及编号 切削工具	量具、辅具		工时/分 准终 | 基本工时	
10	A		三爪自定心卡盘夹紧一端	CA6140	三爪自定心卡盘					
		1	车端面，保持尺寸 $66.4_{-0.34}^{0}$			YT5 90°偏刀	游标卡尺			22
		2	车外圆 φ91.5							17
		3	车台阶面，保持尺寸 $20_{0}^{+0.21}$							18
		4	车外圆 $φ118.5_{-0.54}^{0}$							15
		5	镗孔 φ65			YT5 镗刀				35
20	A		三爪自定心卡盘夹紧另一端	CA6140	三爪自定心卡盘					
		1	车端面，保持尺寸 $64.7_{-0.34}^{0}$			YT5 90°偏刀				16
		2	车外圆 $φ106.5_{-0.4}^{0}$			YT5 45°外圆车刀				25
		3	车台阶面，保持尺寸 $32_{0}^{+0.25}$							8
		4	镗孔 φ94 及台阶面，保持尺寸 $31_{0}^{+0.29}$			YT5 镗刀				69
		5	车沟槽，保持尺寸 2.5 及 6×1.5			切槽刀				
		6	倒角 1×45°							
30	A		三爪自定心卡盘夹紧 $φ106.5_{-0.1}^{0}$	CA6140	三爪自定心卡盘					
		1	车端面，保持尺寸 $64_{-0.1}^{0}$			YT15 90°偏刀	游标卡尺			11
		2	车外圆 φ90							
						设计（日期）	校对（日期）	审核（日期）	标准化（日期）	会签（日期）
标记	处数	更改文件号	签字	日期						
标记	处数	更改文件号	签字	日期						

表 2-1-35 工艺卡片（二）

材料牌号	毛坯种类	毛坯外形尺寸	每毛坯件数	设备		产品型号	CA6140 车床	零件图号	84002	第 2 页	
				名称及型号	编号	产品名称		零件名称	齿轮	共 3 页	
45 钢	模锻件	φ121×68	1			零件毛重/kg	2.2	零件净重/kg	1.36	每台产品零件数	1
										材料消耗定额	

工序	安装	工步	工序内容	设备名称及型号	编号	夹具	工艺装备名称及编号 切削工具	量具、辅具	工时/分 准终	工时/分 基本工时
30	A	3	车台阶面，保持尺寸 $20^{+0.08}_{0}$	CA6140		三爪自定心卡盘	YT15 90°偏刀	深度百分尺		10
		4	车外圆 φ117$^{0}_{-0.22}$					外径百分尺		9
		5	镗孔 φ65$^{+0.074}_{0}$				YT5 镗刀	内径百分尺		32
		6	倒角 1×45°				倒角刀			
40	A	1	调头装夹（三爪自定心卡盘夹紧 φ90） 精镗孔 φ68$^{+0.009}_{-0.021}$	CA6140		三爪自定心卡盘	YT30 精镗刀	圆柱塞规		44
		2	精镗沟槽 φ71，保持宽 2.7$^{+0.3}_{0}$				切槽刀			
		3	倒角 1×45°				倒角刀			
50	A	1	以一端面及 φ68$^{+0.009}_{-0.021}$ 内孔定位并夹紧 滚齿达图纸要求	Y3150		心轴	齿轮滚刀	公法线百分表		1191
60	A	1	以一端面及 φ68$^{+0.009}_{-0.021}$ 内孔定位并夹紧 在 4 个工位上铣槽，保证槽宽 14，深 13	X6132		专用夹具	高速钢错齿三面刃铣刀（φ125）			165
70	A	1	以一端面及 φ68$^{+0.009}_{-0.021}$ 内孔定位并夹紧	X6132		专用夹具		游标卡尺		

				设计（日期）	校对（日期）	审核（日期）	标准化（日期）	会签（日期）
标记	处数	更改文件号	签字	日期				
标记	处数	更改文件号	签字	日期				

表 2-1-36 工艺卡片 (三)

工艺卡片				产品型号	CA6140车床		零件图号	84002		共3页	第3页
				产品名称			零件名称	齿轮			
材料牌号	毛坯种类	毛坯外形尺寸	每毛坯件数	零件毛重/kg	零件净重/kg		材料消耗定额	每台产品零件数		每批数量	
45	模锻件	φ121×68	1	2.2	1.36			1			
工序	安装	工步	工序内容	设备		工艺装备名称及编号				工时/分	
				名称及型号	编号	夹具	切削工具	量具、辅具		准终	基本工时
70	A	1	在4个工位上铣槽,保证槽宽 $16_{0}^{+0.28}$,深15	X6132		专用夹具	高速钢错齿三面刃铣刀	游标卡尺			138
80	A	1	以一端面及 $\phi 68_{-0.021}^{+0.009}$ 内孔定位并夹紧	Z518		专用夹具	高速钢麻花钻 φ5				20
		2	在4个工位上钻孔 φ5				锪钻				
90			孔口倒角 90°								
			去毛刺								
100			检验入库								
						设计(日期)	校对(日期)	审核(日期)	标准化(日期)	会签(日期)	
标记	处数	更改文件号	签字	日期	标记	处数	更改文件号	签字	日期		

g. 确定铣槽的工序尺寸。半精铣可达到零件图样的要求，则该工序尺寸：槽宽 $16^{+0.28}_{0}$ mm，槽深 15mm。粗铣时，为半精铣留有加工余量：槽宽双边余量为 2mm，槽深余量为 2mm，则粗铣的工序尺寸：槽宽为 14mm，槽深 13mm。

6. 确定切削用量及基本时间（机动时间）（略）

将前面进行的工作所得的结果，填入机械加工工序卡片内，即得机械加工工艺规程。本零件的机械加工工艺规程见表 2-1-34～表 2-1-36。

第二章 机床夹具设计步骤和实例

第一节 机床夹具设计的基本要求和一般设计步骤

一、机床夹具设计的基本要求

1. 保证工件的加工精度

专用夹具应有合理的定位方案,合适的尺寸、公差和技术要求,并进行必要的精度分析,确保夹具能满足工件的加工精度要求。

2. 提高生产效率

专用夹具的复杂程度要与工件的生产纲领相适应。应根据工件生产批量的大小选用不同复杂程度的快速高效夹紧装置,以缩短辅助时间,提高生产效率。

3. 工艺性好

专用夹具的结构应简单、合理,便于加工、装配、检验和维修。

专用夹具的生产属于单件生产。当最终精度由调整或修配保证时,夹具上应设置调整或修配结构,如适当的调整间隙、可修磨的垫片等。

4. 使用性好

专用夹具的操作应简便、省力、安全可靠,排屑应方便,必要时可设置排屑结构。

5. 经济性好

除考虑专用夹具本身结构简单、标准化程度高、成本低廉外,还应根据生产纲领对夹具方案进行必要的经济分析,以提高夹具在生产中的经济效益。

二、机床夹具设计的一般步骤

(一)研究原始资料

在明确设计任务(通常在生产厂根据夹具设计任务书)后,应对以下几方面的原始资料进行研究。

(1)研究加工工件图样 了解该工件的结构形状、尺寸、材料、热处理要求,主要表面的加工精度、表面粗糙度及其他技术要求。

(2)熟悉工艺文件,明确以下内容

① 毛坯的种类、形状、加工余量及其精度。

② 工件的加工工艺过程、工序图、本工序所处的地位,本工序前已加工表面的精度及表面粗糙度,基准面的状况。

③ 本工序所使用的机床、刀具及其他辅具的规格。

④ 本工序所采用的切削用量。

(二)拟订夹具的结构方案

拟订夹具的结构方案包括以下几个内容。

1. 确定夹具的类型

各类机床夹具均有多种不同的类型,如车床夹具可有角铁式、圆盘式等,钻床夹具有固定式、翻转式、盖板式等，应根据工件的形状、尺寸、加工要求及重量确定合适的夹具类型。

2. 确定工件的定位方案，设计定位装置

根据六点定位原则，分析工序图上所规定的定位方案是否可取，否则应提出修改意见或提出新的方案，与有关工艺人员协商后确定。

在确定了工件的定位方案后，即可根据定位基面的形状，选取相应的定位元件及确定尺寸精度和配合公差。如平面定位可根据定位面尺寸大小及该面是否加工过（即是粗基准还是精基准）等，选取不同的支承板、支承钉或可调支承等；如内孔定位可选取相应的定位销、心轴等；而外圆柱面定位即可选取V形块或定位套等。

3. 确定工件的夹紧方式，设计夹紧装置及计算夹紧力

夹紧机构应保证工件夹紧可靠、安全、不破坏工件的定位及夹压表面的精度和表面粗糙度。同时夹紧机构的复杂程度应与工件的生产类型相适应。必要时还应进行夹紧力的估算。

当采用估算法确定夹紧力的大小时，为简化计算，通常将夹具和工件看成一个刚性系统。根据工件所受切削力、夹紧力（大型工件应考虑重力、惯性力等）的作用情况，找出加工过程中对夹紧最不利的状态，按静力平衡原理计算出理论夹紧力，最后再乘以安全系数作为实际所需夹紧力，即

$$F_{WK}=KF_W \tag{2-2-1}$$

式中 F_{WK}——实际所需夹紧力，N；

F_W——在一定条件下，由静力平衡算出的理论夹紧力，N；

K——安全系数。

安全系数 K 可由下式计算

$$K=K_0K_1K_2K_3K_4K_5K_6 \tag{2-2-2}$$

式中，$K_0 \sim K_6$ 为考虑各种因素的安全系数，见表2-2-1和表2-2-2。

表 2-2-1 安全系数 $K_0 \sim K_6$ 的数值

符号	考虑的因素		系数值
K_0	考虑工件材料及加工余量均匀性的基本安全系数		1.2~1.5
K_1	加工性质	粗加工	1.2
		精加工	1.0
K_2	刀具钝化程度（见表2-2-2）		1.0~1.9
K_3	切削特点	连续切削	1.0
		断续切削	1.2
K_4	夹紧力的稳定性	手动夹紧	1.3
		机动夹紧	1.0
K_5	手动夹紧时的手柄位置	操作方便	1.0
		操作不方便	1.2
K_6	仅有力矩使工件回转时工件与支承面的接触情况	操作点确定	1.0
		接触点不确定	1.5

表 2-2-2　安全系数 K_2

加工方法	切削分力或切削力矩	K_2 铸铁	K_2 钢
切削	M_k	1.15	1.15
	F_c	1.0	1.0
粗扩（毛坯）	M_k	1.3	1.3
	F_c	1.2	1.2
精扩	M_k	1.2	1.2
	F_c	1.2	1.2
粗车或粗镗	F_c	1.0	1.0
	F_p	1.2	1.4
	F_f	1.25	1.6
精车或精镗	F_f	1.05	1.0
	F_p	1.4	1.05
	F_c	1.3	1.0
圆周铣削（粗、精）	F_c	1.2～1.4	1.6～1.8（含碳量小于 3%） 1.2～1.4（含碳量大于 3%）
端面铣削（粗、精）	F_c	1.2～1.4	1.6～1.8（含碳量小于 3%） 1.2～1.4（含碳量大于 3%）
磨削	F_c		1.15～1.2

下面介绍夹紧力估算的实例。

图 2-2-1 为铣削加工示意图，在开始铣削到切削深度最大时，引起工件绕止推支承的翻转为最不利的状态，其翻转力矩为 FL；而阻止工件翻转的支承 2、6 上的摩擦力矩为 $F_{N1}fL_1 + F_{N2}fL_2$，工件重力及压板与工件间的摩擦力可以忽略不计。当 $F_{N1} = F_{N2} = F_W/2$ 时，根据静力平衡条件并考虑安全系数，得

$$FL = \frac{F_W}{2}fL_1 + \frac{F_W}{2}fL_2$$

$$F_{WK} = \frac{2KFL}{f(L_1 + L_2)}$$

式中　f——工件与支承板之间的摩擦因数；

K——安全系数，见式（2-2-2）。

图 2-2-2 所示用三爪自定心卡盘夹紧，车削时受切削合力 F_c、F_p、F_f 的作用。主切削力 F_c 形成的切削转矩为 $F_c(d/2)$，使工件相对卡盘顺时针转动；F_c 和 F_p 还一起以工件为杠杆，力图搬松卡爪；F_f 与卡盘端面反力相平衡。为简化计算，工件较短时只考虑切削转矩的影响。若设一个卡爪的夹紧力为 F_W，工件与卡爪之间的摩擦因数为 f，根据静力平衡条件并考虑安全系数，需要每个卡爪实际输出的夹紧力 F_c 为

$$F_c \frac{d_0}{2} = 3F_W f \frac{d}{2} \quad (\text{当 } d = d_0 \text{ 时})$$

$$F_{WK} = \frac{KF_c}{3f}$$

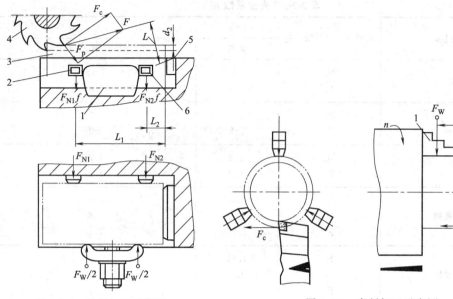

图 2-2-1　铣削加工示意图　　　　　图 2-2-2　车削加工示意图
1—压板；2,6—导向支承；3—工件；　　1—三爪自定心卡盘；2—工件；3—车刀
4—铣刀；5—止推支承

当工件的悬伸长 L 与夹持直径 d 之比 $L/d>0.5$ 时，F_p 等力对夹紧的影响不能忽略，可以乘以修正系数 K' 来补偿，K' 值依 L/d 的比值按表 2-2-3 选取。

表 2-2-3　K' 值

L/d	0.5	1.0	1.5	2.0
K'	1.5	2.5	4.0	

常见的各种夹紧形式所需的夹紧力计算及摩擦因数，见表 2-2-4 和表 2-2-5。

表 2-2-4　常见夹紧形式所需的夹紧力计算公式

夹紧形式	加工简图	计算公式
用卡盘夹爪夹紧工件外圆		$F_{WK}=\dfrac{2KM}{ndf}$
用可胀心轴斜楔夹紧工件内孔		$F_{WK}=\dfrac{2KM}{nDf}$
用拉杆压板夹紧工件端面		$F_{WK}\approx\dfrac{2KM}{(d+D)f}$

续表

夹紧形式	加工简图	计算公式
用弹簧夹头夹紧工件	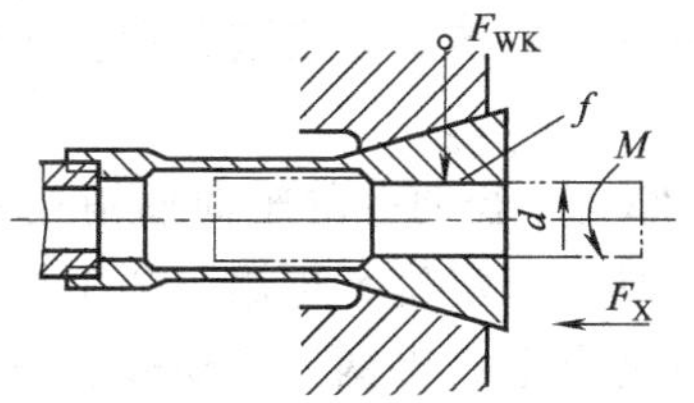	$F_{WK} = \dfrac{K}{f}\sqrt{\dfrac{4M^2}{d^2} + F_X^2}$
用压板夹紧工件端面	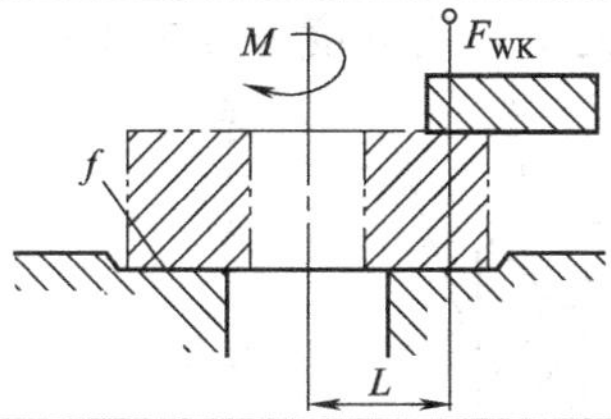	$F_{WK} = \dfrac{KM}{Lf}$
用钳口夹紧工件端面	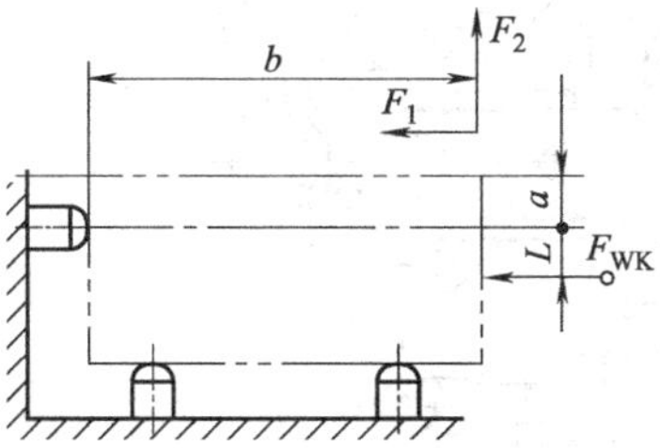	$F_{WK} = \dfrac{K(F_1 a + F_2)}{L}$
用压板和V形块夹紧工件	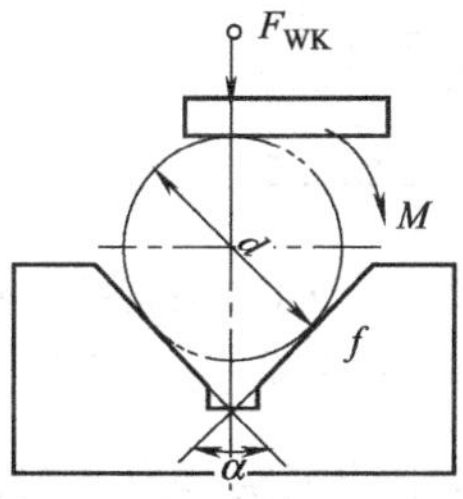	$F_{WK} = 2\dfrac{KM}{df} \times \dfrac{\sin\dfrac{\alpha}{2}}{1+\sin\dfrac{\alpha}{2}}$
用两个V形块夹紧工件	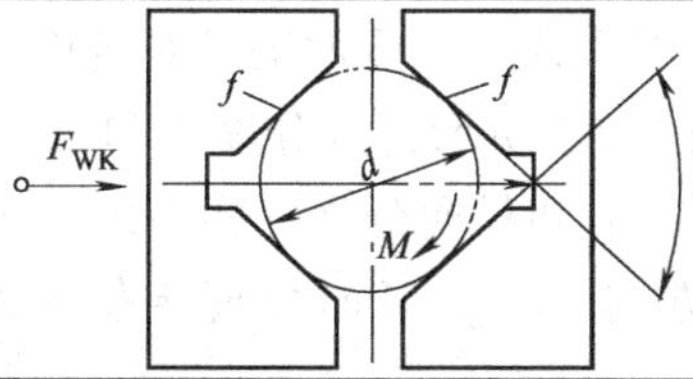	$F_{WK} = \dfrac{KM}{df} \times \dfrac{1}{1+\sin\dfrac{\alpha}{2}}$

注：F_{WK}为所需夹紧力，N；M为切削转矩，N·mm；F_1、F_2为切削力，N；K为安全系数；d为工件的直径，mm；n为夹爪数；f为工件与支承面间的摩擦因数，其数值参见表2-2-5。

表 2-2-5　各种不同接触表面之间的摩擦因数

接触表面的形式	摩擦因数 f	接触表面的形式	摩擦因数 f
接触表面均为加工过的光滑表面	0.12~0.25	夹具夹紧件的淬硬表面在垂直主切削力方向有齿纹	0.4
工件表面为毛坯，夹具的支承面为球面	0.2~0.3	夹具夹紧件的淬硬表面有相互垂直的齿纹	0.4~0.5
夹具夹紧件的淬硬表面在沿主切削力方向有齿纹	0.3	夹具夹紧件的淬硬表面有网状齿纹	0.7~0.8

4. 确定刀具的导向方式或对刀装置

对于钻夹具应正确地选择钻套的形式和结构尺寸；对于铣床夹具应合理地设置对刀装置；而镗夹具则应合理地选择镗套类型和镗模导向的布置方式。

5. 确定其他机构

如分度装置、装卸工件用的辅助装置等。对分度装置一般生产中应用较普遍的是机械分度装置。根据其分度方式又可分为回转式分度装置和直线移动式分度装置，其中回转式分度装置应用较多。

图 2-2-3 所示为钻扇形工件五个径向孔的轴向插销式分度回转钻模。工件以圆盘凸台和端面为基准，在转轴 4 和分度盘 3 上定位。再用一个小孔套在菱形销 1 上作角向定位。用两个钩形压板 9 将工件压紧在分度盘上。手柄 7 拨动分度销来作分度。手柄 6 用以锁紧或松开分度盘。这样就可以在一次装夹中，用分度来变更工位，钻出 5 个 φ10mm 的孔。

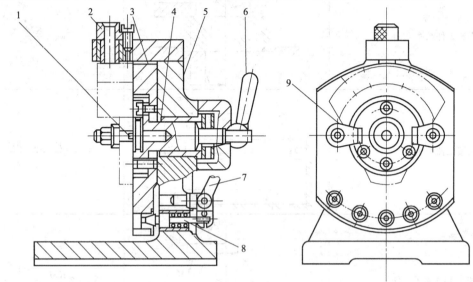

图 2-2-3　分度销轴向插入的分度装置

1—菱形销；2—钻套；3—分度盘；4—转轴；5—夹具体；6,7—手柄；8—定位销；9—钩形压板

由上例可知道，回转分度装置中的关键部分是分度盘 3 和定位销 8 组成的对定机构，还有操作机构和锁紧机构。而其工作精度主要取决于对定机构的形式和制造精度。

（1）对定机构的类型　图 2-2-4 所示为按分度盘和定位销相互位置的配置情况，一般分为轴向分度［图 2-2-4（a）、(b)］和径向分度［图 2-2-4（c）、(d)］两类。轴向分度定位销的运动方向与分度盘的轴线方向平行；径向分度定位销的运动方向与分度盘的回转方向垂直。

在分度装置中，分度盘上的分度孔（槽）离分度盘的中心愈远，由分度孔（槽）与定位销的配合间所引起的定位误差愈小。显然在定位盘直径相同的情况下，径向分度比轴向分度精度要高。但轴向分度结构紧凑，占空间位置较小，有时用轴向分度较方便。

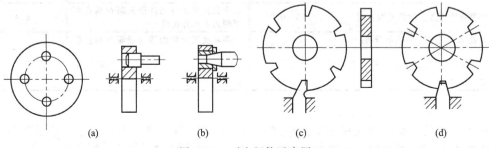

图 2-2-4　对定机构示意图

常用的定位销有圆柱形、圆锥形和楔形三种，如图 2-2-4 所示。圆锥形和楔形定位销能消除定位销和分度孔（槽）的配合间隙，故分度精度较高。而圆柱形定位销与分度孔配合有间隙，分度精度受其影响。在圆锥形、楔形定位销的分度孔中有积存碎屑或污物，将影响其接触情况，而圆柱形定位销不受此影响。

单斜面的定位销，当分度盘始终朝向定位平面一边接触时，即使定位销稍有后退，也不会影响定位精度，故分度精度高，常用于精密分度装置中。

（2）分度定位销的操纵机构　操纵分度定位销动作机构很多，有手动、脚踏、气动、液动和电动等。而手动式操纵机构按其操作方式有直拉式和侧面操纵式等。

直拉式分度销的结构尺寸已有标准。图 2-2-5 所示为其中之一。导套 2 的右端有一横向槽，当拉出手柄 4，而拔出定位销 1，转向 90°时，则手柄上的销子 3 嵌入导套 2 端面的另一凹槽中，此时定位销停止在此位置上。分度后，将手柄转 90°，由弹簧将定位销推入工作位置。

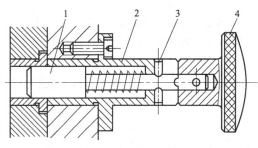

图 2-2-5　直拉式分度销
1—定位销；2—导套；3—销子；4—手柄

（3）分度盘的锁紧机构　分度装置上对定机构仅起分度定位作用。为了在工作过程中受力后分度装置不变形和损坏，保证分度角度的稳定性，分度装置一般设有使分度盘（或分度台面）锁紧的机构。

最常用的是螺旋压紧机构，其结构简单、工作可靠。

6. 确定夹具体的结构类型

夹具上的各种装置和元件通过夹具体连接成一个整体。因此夹具体的形状及尺寸取决于夹具各种装置的布置及夹具与机床的连接。

（1）对夹具体的要求

① 有适当的精度和尺寸稳定性。

② 有足够的强度和刚度。

③ 结构工艺性好。

④ 排屑方便（图 2-2-6 为夹具体上排屑结构）。

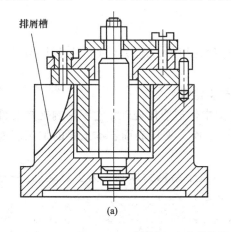
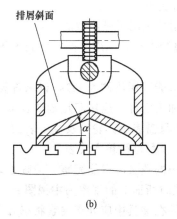

图 2-2-6　夹具体上设置排屑结构

⑤ 在机床上安装稳定可靠。

(2) 夹具体毛坯的类型

① 铸造夹具体　如图 2-2-7（a）所示，铸造夹具体的优点是工艺性好，可铸出各种复杂形状，具有较好的抗压强度、刚性和抗振性。但生产周期长，需进行时效处理，以消除内应力。

② 焊接夹具体　如图 2-2-7（b）所示，它由钢板、型材焊接而成。制造方便、生产周期短、成本低、重量轻。但焊接式夹具体的热应力较大，易变形，需经退火处理，以保证夹具体尺寸的稳定性。

③ 锻造夹具体　如图 2-2-7（c）所示，它适用于形状简单、尺寸不大，要求强度、刚度大的场合。锻造后也需经热处理。此类夹具体应用较少。

④ 型材夹具体　小型夹具体可以直接用板料、棒料、管料等型材加工装配而成。这类夹具体取材方便、生产周期短、成本低、重量轻。

⑤ 装配夹具体　如图 2-2-7（d）所示，由标准的毛坯件、零件及个别非标准件通过螺钉、销钉连接，组装而成。标准件由专业厂生产。此类夹具体具有制造成本低、周期短、精度稳定等优点，有利于夹具标准化、系列化，也便于计算机辅助设计。

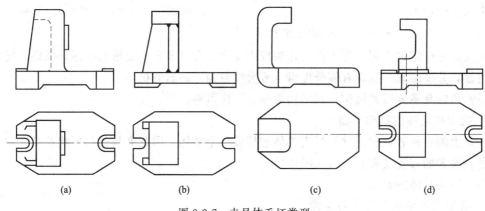

图 2-2-7　夹具体毛坯类型

三、夹具总图设计

当夹具的结构方案确定之后，就可以绘制夹具总图。一般先绘制夹具总装草图，经审定后再绘制总装图。

1. 绘制总装图时应注意的问题

绘制总装图时，除应遵循机械制图所规定的一切外，还应注意夹具设计中以下一些习惯与规定。

① 尽可能采用比例为 1:1，以求直观不产生错觉。

② 被加工工件，应用双点画线表示，在图中作透明体处理，它不影响夹具元件的投影。工件在图中只需表示其轮廓及主要表面（如定位面、夹压表面、本工序的加工表面等）。加工面的加工余量可用粗实线表示。

③ 视图的数量应以能完整、清晰地表示出整个结构为原则。为直观起见，一般常以操作者在加工时所面对的视图为主视图。

④ 工件在夹具中应处于夹紧状态。

⑤ 对某些在使用中位置可能变化，且范围较大的元件，如夹紧手柄或其他移动或转动

元件，必要时以双点画线局部地表示出其极限位置，以便检查是否会与其他元件、部件、机床或刀具相干涉。

⑥ 对于铣夹具，应将刀具与刀杆用双点画线局部表示出，以检查运行时，刀具、刀杆与夹具是否发生干涉。

2. 绘制夹具草图的实例

图 2-2-8 所示为杠杆零件图，表 2-2-6 为该杠杆零件的加工工艺过程，图 2-2-9 所示为钻孔（工序 5）工序夹具的定位夹紧方案，钻孔工序的钻夹具结构草图绘制的主要过程如图 2-2-10 所示。

表 2-2-6　杠杆零件加工工艺过程

序号	工序内容	使用设备	序号	工序内容	使用设备
1	同时铣大小一端面（两工件同时加工）	X5025	5	钻 $\phi 7$ 孔和钻 $\phi 5$ 螺纹底孔	Z5125
2	同时铣大小另一端面（两工件同时加工）	X5025	6	铣 2mm 槽	X6026
3	钻、铰 $\phi 12H9$ 孔并倒角	Z5125	7	攻螺纹 M6	Z5125
4	钻、铰 $\phi 8H9$ 孔并倒角	Z5125			

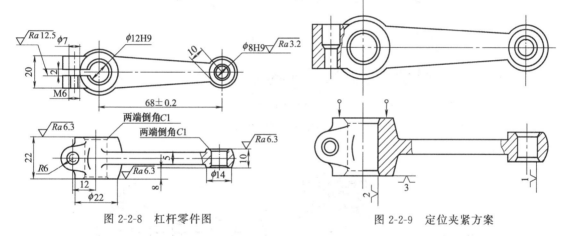

图 2-2-8　杠杆零件图　　　　图 2-2-9　定位夹紧方案

3. 夹具总图上尺寸及精度、位置精度与技术要求的标注

夹具总图上应标注的尺寸和相互位置关系有如下五类。

① 定位副本身的精度和定位副之间的联系尺寸及精度。如定位销工作部分的尺寸及公差；一面两销定位时两销中心距及公差、圆柱销轴线与定位平面的垂直度要求等。以上的尺寸精度和位置精度均是造成定位误差的因素。

② 对刀元件或导向元件与定位元件之间的联系尺寸。如对刀块的对刀面至定位元件之间的尺寸，塞尺的尺寸；钻套中心至定位元件之间的尺寸，钻套导向孔的尺寸及精度，钻套导向孔的中心距及公差；对刀元件或导向元件与定位元件的位置精度，此时一般应以定位元件工作面为基准，但有时为了使夹具的工艺基准统一，也可取夹具的基面为基准，如钻套导向孔中心对夹具体底面的垂直度等。以上的尺寸精度和位置精度均是造成调整误差的因素。

③ 夹具体与机床的连接面与定位元件工件表面之间的联系尺寸。如铣夹具的定向键与铣床 T 形槽的配合尺寸，车床夹具安装基面（止口）的尺寸，角铁式车床夹具中心至定位元件工作面的尺寸等；夹具体与机床的连接面与定位元件的位置精度。以上的尺寸精度和位置精度是造成安装误差的因素。

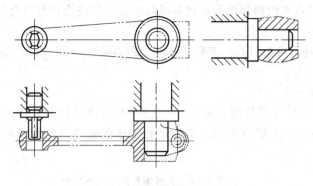

(a) 布置定位元件

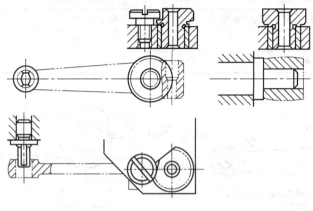

(b) 布置导向元件

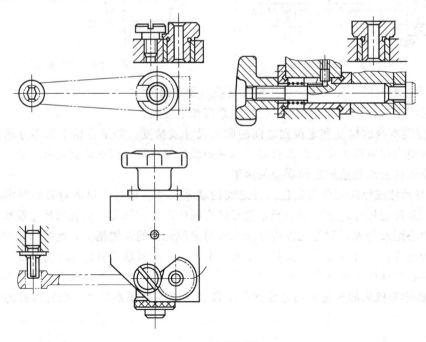

(c) 设计夹紧结构

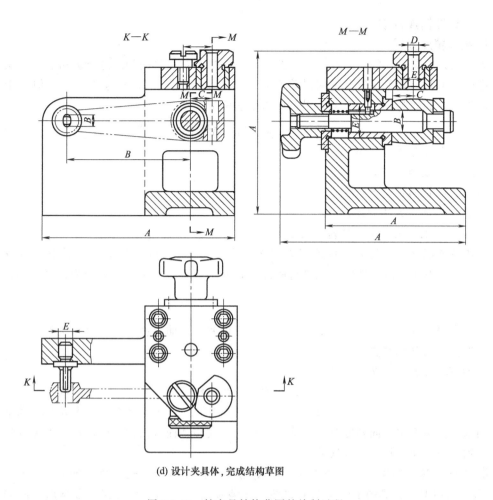

(d) 设计夹具体，完成结构草图

图 2-2-10　钻夹具结构草图的绘制过程

④ 夹具外形的最大轮廓尺寸。

⑤ 其他配合尺寸。如定位销与夹具体的配合尺寸及公差，这类尺寸一般与加工精度无关，可按一般的机械零件设计，或按有关资料的推荐数据。

4. 公差的确定

为满足加工精度要求，夹具本身应有较高的精度。由于目前分析计算方法不够完善，因此对夹具的有关公差仍按经验来确定。如生产规模较大，要求夹具具有一定寿命时，夹具有关公差可取得小些；对加工精度较低的夹具，则取较大的公差。一般可按以下方法选取（下述中的 δ_K 为工件相应公差）。

① 夹具上的尺寸和角度公差取 $(1/2\sim1/5)\delta_K$。

② 夹具上的位置公差取 $(1/2\sim1/3)\delta_K$。

③ 当加工未注公差时取 ±0.1mm。

④ 未注形位公差的加工面，按 GB/T 1184 中 13 级精度的规定选取。

注意：夹具有关公差均应在工件公差带的中间位置，即不管工件偏差对称与否，都要将其化成双向对称偏差，然后取其值的 $1/2\sim1/5$，以确定夹具上有关的基本尺寸和公差。

四、夹具精度校核

1. 夹具精度分析

为了保证夹具设计的正确性,首先要在设计图样上对夹具的精度进行分析。用夹具装夹工件进行加工时,其工序误差可用误差不等式 $\Delta_D+\Delta_A+\Delta_T+\Delta_G \leqslant \delta_K$ 来表示。但由于各种误差均为独立的随机变量,应将各误差用概率法叠加,即

$$\sqrt{\Delta_D^2+\Delta_A^2+\Delta_T^2+\Delta_G^2} \leqslant \delta_K \tag{2-2-3}$$

式中 Δ_D ——定位误差,mm;
　　　Δ_A ——安装误差,mm;
　　　Δ_T ——调整误差,mm;
　　　Δ_G ——加工方法误差,mm;
　　　δ_K ——工件工序尺寸公差,mm。

上述各项误差中,与夹具直接有关的误差为 Δ_D、Δ_A、Δ_T 三项,可用计算法计算。加工方法误差具有很大的偶然性,很难精确计算,通常这项误差取 $1/3\delta_K$ 作为估算范围。即

$$\sqrt{\Delta_D^2+\Delta_A^2+\Delta_T^2} \leqslant \frac{2}{3}\delta_K \tag{2-2-4}$$

对定位误差的分析计算教材上已作了较详细说明,下面说明安装误差和调整误差(对刀或导向误差)的分析方法。

2. 夹具在机床上的安装误差 Δ_A

(1) 车床夹具的安装误差　心轴和专用夹具在机床上的安装误差可如下确定。

① 对于心轴。夹具的安装误差 Δ_A,就是心轴工作表面轴线对顶尖孔或者对心轴锥柄轴线的同轴度。规定这个同轴度公差后即可控制心轴安装基面(顶尖孔或锥柄)本身的误差和它对心轴工作表面的相互位置误差。

② 对于车床专用夹具。这类夹具一般使用过渡盘和机床主轴连接。如表 2-2-7 中序号 1、2 所示的情况,夹具的定位面 Y 对过渡盘安装基面 E 的同轴度将直接影响加工面的同轴度。此即夹具安装误差 Δ_A。

当定位元件工作面与夹具回转轴线有位置尺寸要求时,如表 2-2-7 序号 2 所示,夹具上尺寸 H 的公差 δ_H 即为安装误差 Δ_A。

表 2-2-7　夹具上与 Δ_A 有关的技术要求

序号	名称	夹具简图	控制 Δ_A 的技术要求
1	车床夹具		①装配后,定位面 Y 对孔 E 的同轴度允差 ②专用夹具中,定位面 Y 对止口 B 的同轴度允差,C 面对 A 面的平行度允差
2	车床夹具		①找正孔 K 对止口 B 的同轴度允差 ②定位面 Y 对 A 面的垂直度允差 ③两定位销中心连线与找正孔 K 轴线的位置要求

续表

序号	名称	夹具简图	控制 Δ_A 的技术要求
3	铣床夹具	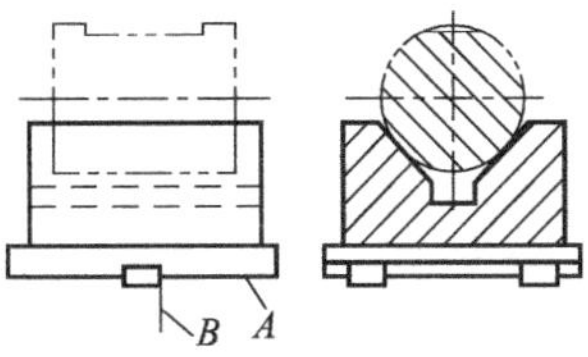	①V形块轴线与底面 A 的平行度允差 ②V形块轴线与定向键侧面 B 的垂直度允差
4	铣床夹具	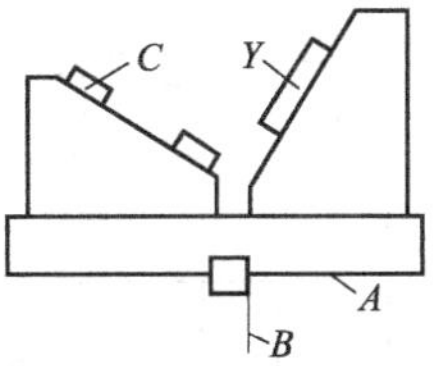	①定位面 Y 和 C 的垂直度允差 ②定位面 Y 和 C 的交线对定向键侧面 B 的平行度允差 ③上述交线对底面 A 的平行度允差
5	钻床夹具	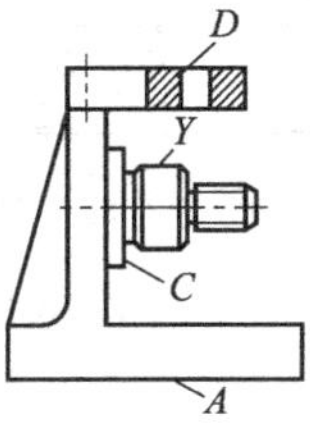	①定位面 Y 对底面 A 的平行度允差 ②定位面 C 对底面 A 的垂直度允差
6	镗床夹具	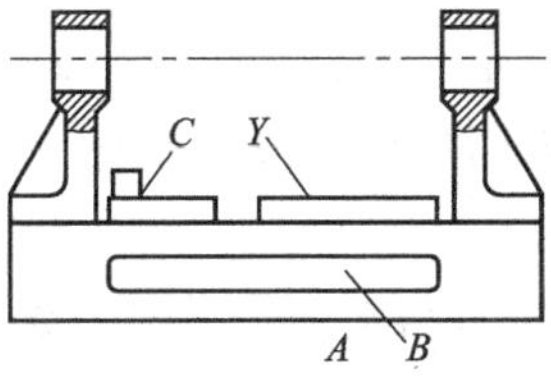	①定位面 Y 对底面 A 的平行度允差 ②定位面 C 对找正基面 B 的垂直度允差

（2）铣床夹具的安装误差　铣床夹具依靠夹具体底面和定向键侧面与机床工作台的平面及T形槽相连接，以保证定位元件对工作台和导轨具有正确的相对位置。这类相对位置的不准确所造成的加工尺寸误差，即夹具安装误差 Δ_A。如图2-2-11所示，X方向加工尺寸的误差 Δ_A 之值可由夹具斜装时的偏斜角、定位元件对夹具定向键侧面的相互位置误差（见表2-2-7中序号3）和加工长度等有关参数计算出来。

夹具斜装时的偏斜角为

$$\beta = \arctan\frac{\varepsilon_{max}}{L}$$

式中，ε_{max} 和 L 代表的意义见图2-2-11。

用钻模加工孔时，工件孔的位置尺寸决定于钻套对定位元件的位置尺寸，此时夹具安装误差 Δ_A 之值只考虑定位元件与夹具安装基面的相互位置误差对加工尺寸的影响。如图2-2-12所示，由于夹具定位面 Y 对安装基面 B 不平行造成夹具在 Z 方向的线性误差为 Δ_Z，此时夹具的倾斜角为

$$\beta = \arctan \frac{\Delta_Z}{L}$$

通过角度误差 β,可换算为加工尺寸的误差。

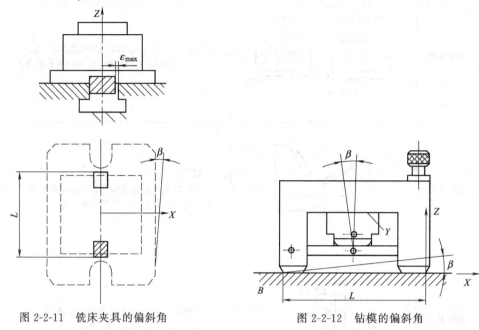

图 2-2-11 铣床夹具的偏斜角   图 2-2-12 钻模的偏斜角

各种夹具在机床上的安装误差 Δ_A 之值,一般数值不大,在设计夹具时常以适当的技术要求加以限制,见表 2-2-7。

3. 对刀或导向误差 Δ_T

夹具在机床上安装后,需要调整刀具对夹具上定位元件的位置。如果夹具上的对刀或导向装置对定位元件的位置不正确,将会导致加工表面的位置发生变化,由此而造成的加工尺寸的误差即为对刀或导向误差 Δ_T。

① 使用铣夹具加工时,采用标准塞尺和对刀块进行对刀,其对刀误差为

$$\Delta_T = \delta_s + \delta_h$$

式中 δ_s——塞尺的制造公差;

δ_h——对刀块工作面至定位元件的尺寸公差。

② 在钻模上加工孔时,采用如图 2-2-13 所示的导向装置时,导引孔的轴线位置误差受下列因素的影响。

δ_1——钻模板底孔至定位元件的尺寸公差;

e_1——快换钻套内外圆的同轴度;

e_2——衬套内外圆的同轴度;

X_1——快换钻套和衬套的最大配合间隙;

X_2——刀具(引导部位)与钻套的最大配合间隙;

X_3——刀具在钻套中的偏斜,其值为

$$X_3 = \frac{X_2}{H}\left(B + S + \frac{H}{2}\right)$$

式中,B、S、H 代表意义如图 2-2-13 所示。

因各项误差不可能同时出现最大值，故对于这些随机性误差按概率法计算

$$\Delta_\mathrm{T}=\sqrt{\delta_1^2+e_1^2+e_2^2+X_1^2+(2X_3)^2}$$（注：加工短孔时以 X_2 值替代 X_3 值）

4. 夹具精度校核实例

（1）车床夹具 图 2-2-14 所示为壳体零件简图。加工 ϕ38H7 孔的主要技术要求为：

① 孔距尺寸（60±0.02）mm（$\delta_{K1}=0.04$mm）；

② ϕ38H7 孔的轴线对 G 面的垂直度公差为 ϕ0.02mm（δ_{K2}）；

③ ϕ38H7 孔的轴线对 D 面的平行度公差为 0.02mm（δ_{K3}）。

夹具的结构与标注如图 2-2-15 所示。

标注与加工尺寸（60±0.02）mm 有关的尺寸公差如下。

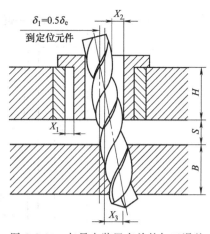

图 2-2-13 与导向装置有关的加工误差

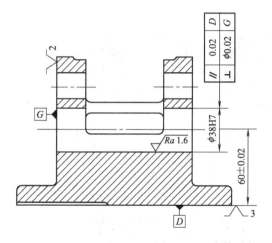
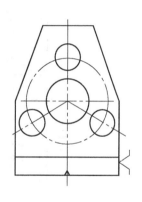

图 2-2-14 壳体零件图

① 定位面与夹具体找正圆中心距尺寸，取 $\delta_{K1}/4=0.01$mm，标注为（60±0.005）mm。

② 找正圆 ϕ272mm 对 ϕ50mm 的同轴度公差，取 $\delta_{K1}/4=0.01$mm。

标注与工件垂直度有关的位置公差如下。

① 侧定位面 C 对夹具体基面 B 的平行度，公差取 $\delta_{K2}/2=0.01$mm（$\delta_{K2}=0.02$mm）。

② 定位面 D 对夹具体基面 B 的垂直度，公差取 $\delta_{K2}=0.01$mm。

标注与工件平行度有关的位置公差为：主要定位面 D 对夹具体基面 B 的垂直度，公差取 $\delta_{K3}/2=0.01$mm（$\delta_{K3}=0.02$mm），其结果与上例第二项相同。

尺寸（60±0.02）mm 的精度（$\delta_{K1}=0.04$mm）校核如下。

① $\Delta_D=0$（基准重合且位移误差 $\Delta_Y=0$）。

② $\Delta_T=0$。

③ $\Delta_{A1}=0.01$mm（夹具体找正圆轴线至定位面 D 之间的尺寸公差）。

④ $\Delta_{A2}=0.01$mm（夹具体找正圆的同轴度公差）。

⑤ 按式（2-2-4）算得

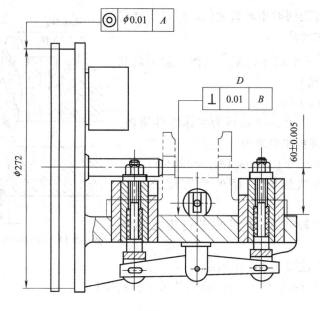

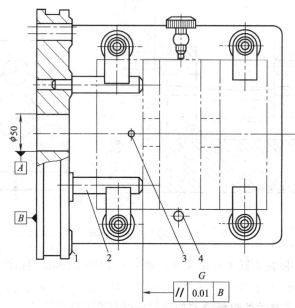

图 2-2-15 车床夹具结构与标注示例
1—夹具体；2—支承钉；3—防误销；4—挡销

$$\sqrt{0.01^2+0.01^2}=0.014 \text{ (mm)} < \frac{2}{3}\delta_{K1}$$

尺寸 (60 ± 0.02)mm 精度足够，夹具设计时尺寸的公差确定合理。

$\delta_{K2}=0.02$mm 的位置精度校核如下。

影响 δ_{K2} 的位置精度有两项，即侧定位面 C 对夹具体基面 B 的平行度公差（0.01mm）和定位面 D 对夹具体基面 B 的垂直度公差（0.01mm），它们分别作用在两个方向上，即

$$\Delta_D=0$$
$$\Delta_T=0$$
$$\Delta_{A1}=0.01\text{mm}$$

$$\Delta_{A2} = 0.01\,\text{mm}$$

$$\sqrt{0.01^2 + 0.01^2} = 0.014\,(\text{mm}) \approx \frac{2}{3}\delta_{K2}$$

此项设计合理。

$\delta_{K3} = 0.02\,\text{mm}$ 的位置精度校核如下。

影响 δ_{K3} 的因素是定位面 D 对夹具体基面 B 的垂直度公差（0.01mm），即

$$\Delta_D = 0$$

$$\Delta_T = 0$$

$$\Delta_{A1} = 0.01\,\text{mm}$$

$$\sqrt{0.01^2} = 0.01\,(\text{mm}) < \frac{2}{3}\delta_{K3}$$

此项设计也合理。

（2）铣床夹具　图 2-2-16 所示为衬套零件图。加工平口槽的主要技术要求如下。

① 槽的深度尺寸 $(40\pm0.05)\text{mm}$ （$\delta_{K1} = 0.1\text{mm}$）。

② 槽平面对 $\phi100\pm0.012\text{mm}$ 的轴线的平行度公差为 $0.05\text{mm}/100\text{mm}$（$\delta_{K2}$）。

③ 槽至左端面距离尺寸 130mm。精度为未注公差。

夹具结构与标注如图 2-2-17 所示。

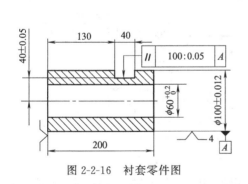

图 2-2-16　衬套零件图

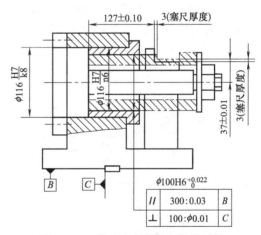

图 2-2-17　铣床夹具结构与标注示例

标注与加工尺寸 $(40\pm0.05)\text{mm}$（$\delta_{K1} = 0.1\text{mm}$）有关的尺寸为：$37\pm0.01\text{mm}$，其中对刀块尺寸公差 $\delta_{K1}/5 = 0.02\text{mm}$，塞尺取 $3_{-0.014}^{0}\text{mm}$。

标注与工件平行度（$\delta_{K2} = 0.05\text{mm}/100\text{mm}$）有关的位置公差，即定位套 $\phi100\text{H6}$ 孔的轴线对夹具体基面 B 的平行度公差，取 $\delta_{K2}/5 = 0.01\text{mm}$。

标注与加工尺寸 130mm 有关的尺寸为 $(127\pm0.10)\text{mm}$，塞尺取 $3_{-0.014}^{0}\text{mm}$。

位置公差 $\phi100\text{H6}$ 孔轴线对定位键侧面 C 的垂直度公差为 $0.01\text{mm}/100\text{mm}$。

尺寸 $(40\pm0.05)\text{mm}$（$\delta_{K1} = 0.1\text{mm}$）的精度校核如下。

$$\Delta_D = \Delta_Y = (0.022 + 0.012)\text{mm} = 0.034\text{mm}$$

$$\Delta_T = (0.014 + 0.02)\text{mm} = 0.034\text{mm}$$

$$\Delta_A = 0\,\text{mm}$$

按式（2-2-4）

$$\sqrt{0.034^2+0.034^2}=0.048(\text{mm})<\frac{2}{3}\delta_{K1}$$

故夹具尺寸公差设计合理。

校核 $\delta_{K2}=0.05\text{mm}/100\text{mm}$ 的位置精度

$$\Delta_D=\frac{(0.022+0.012)\text{mm}}{110\text{mm}}=\frac{0.034\text{mm}}{110\text{mm}}\text{（定位套长度110mm）}$$

$$\Delta_A=\frac{0.03\text{mm}}{300\text{mm}}$$

$$\Delta_T=0$$

按式（2-2-4）

$$\sqrt{\left(\frac{0.034}{110}\right)^2+\left(\frac{0.03}{300}\right)^2}=\frac{0.032(\text{mm})}{100(\text{mm})}<\frac{2}{3}\delta_{K2}$$

故此项设计也合理。

距离尺寸 130mm，精度为未注公差，一般可不必验算。

（3）钻床夹具 下面仅举例说明位置精度的标注方法以及对加工精度的影响。图 2-2-18 所示为短轴零件图。加工 $\phi16H9$ 孔，加工的位置精度要求如下。

① $\phi16H9$ 孔对 $\phi50h7$ 外圆轴线的垂直度公差为 $0.10\text{mm}/100\text{mm}$（$\delta_{K1}$）。

② $\phi16H9$ 孔对 $\phi50h7$ 外圆轴线的对称度公差为 0.1mm（δ_{K2}）。

夹具的结构与位置精度的标注如图 2-2-19 所示。图中标注了三项位置公差。

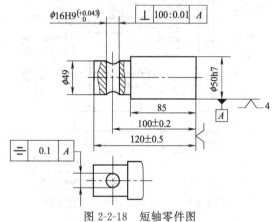

图 2-2-18 短轴零件图

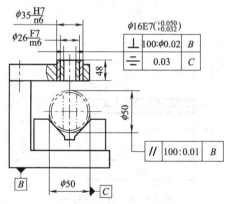

图 2-2-19 钻夹具的结构与位置精度标注示例

$\delta_{K1}=0.10\text{mm}/100\text{mm}$ 的精度校核如下。

$\Delta_D=0$

$\Delta_A=\dfrac{0.01\text{mm}}{100\text{mm}}$（V 形块标准圆对夹具体基面 B 的平行度）

$\Delta_{T1}=\dfrac{0.02\text{mm}}{100\text{mm}}$（铰套轴线对夹具体基面 B 的垂直度）

$\Delta_{T2}=\dfrac{(0.05-0.014)\text{mm}}{48\text{mm}}=\dfrac{0.075\text{mm}}{100\text{mm}}$（铰刀尺寸为 $T16^{+0.026}_{+0.014}\text{mm}$ 时的歪斜）

由式（2-2-4）

$$\sqrt{\left(\frac{0.01}{100}\right)^2+\left(\frac{0.02}{100}\right)^2+\left(\frac{0.075}{100}\right)^2}=\frac{0.078\text{mm}}{100\text{mm}}\approx\frac{2}{3}\delta_{K1}$$

$\delta_{K2}=0.1mm$ 的位置精度校核如下。
$\Delta_D=0$
$\Delta_{T1}=0.03mm$（铰套中心与 V 形块标准圆的对称度）
$\Delta_{T2}=(0.050-0.014)mm=0.036mm$（铰刀与铰套的配合间隙）
由式（2-2-4）

$$\sqrt{0.03^2+0.036^2}=0.047(mm)<\frac{2}{3}\delta_{K2}$$

五、绘制夹具零件图样

绘制夹具零件图样时，除应符合制图标准外，其尺寸、位置精度应与总装图上的相应要求相适应。同时还应考虑为保证总装精度而作必要的说明。如指明在装配时需补充加工等有关说明等。零件的结构、尺寸尽可能标准化、规格化，以减少品种规格。

六、编写说明书

说明书的内容应包括以下几个方面：
① 前言；
② 原始资料阐明与分析；
③ 定位-夹紧方案分析与论证；
④ 夹具精度的分析与计算；
⑤ 夹具总体结构分析及夹具的使用说明；
⑥ 其他。

第二节 机床夹具设计实例

一、钻夹具的设计实例

图 2-2-20 所示为杠杆类零件图样。图 2-2-21 为本零件工序图。

1. 零件本工序的加工要求分析
① 钻、铰 $\phi 10H9$ 孔及 $\phi 11$ 孔。
② $\phi 10H9$ 孔与 $\phi 28H7$ 孔的距离为 $(80±0.2)mm$；平行度为 0.3mm。
③ $\phi 11$ 孔与 $\phi 28H7$ 孔的距离为 $(15±0.25)mm$。
④ $\phi 11$ 孔与端面 K 距离为 14mm。
本工序前已加工的表面有：
① $\phi 28H7$ 孔及两端面；
② $\phi 10H9$ 两端面。
本工序使用机床为 Z5125 立钻。刀具为通用标准工具。

2. 确定夹具类型
本工序所加工两孔（$\phi 10H9$ 和 $\phi 11$），是位于互成 90°的两平面内，孔径不大，工件重量较轻，轮廓尺寸以及生产量不是很大，所以采用翻转式钻模。

3. 拟定定位方案和选择定位元件
（1）定位方案　根据工件结构特点，其定位方案有二：
① 以 $\phi 28H7$ 孔及一组合面（端面 K 和 $\phi 10H9$ 一端面组合而成）为定位面，以 $\phi 10H9$ 孔端外缘毛坯面一侧为防转定位面，限制六个自由度。这一定位方案，由于尺寸 $88^{+0.5}_{\ 0}mm$ 公差大，定位不可靠，会引起较大的定位误差，如图 2-2-22（a）所示；

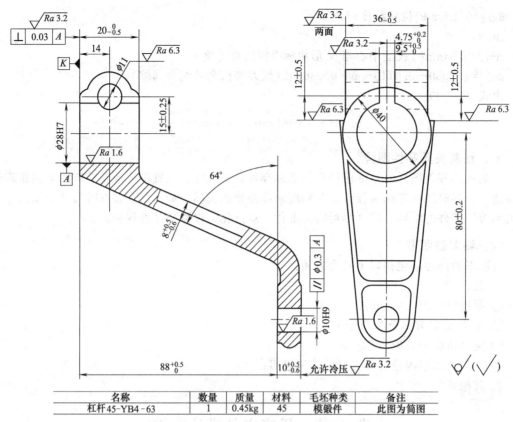

图 2-2-20 杠杆零件图

名称	数量	质量	材料	毛坯种类	备注
杠杆 45-YB4-63	1	0.45kg	45	模锻件	此图为简图

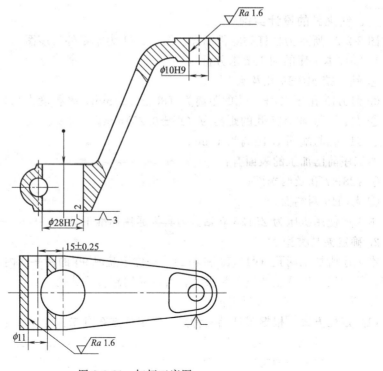

图 2-2-21 杠杆工序图

② 以孔 ϕ28H7 孔及端面 K 定位，以 ϕ11 孔外缘毛坯一侧为防转定位面，限制工件六个自由度。为增加刚性，在 ϕ10H9 的端面增设一辅助支承，如图 2-2-22（b）所示。

比较上述两种定位方案，初步确定选用图 2-2-22（b）所示的方案。

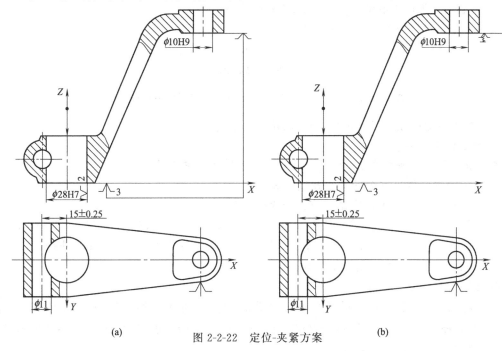

图 2-2-22　定位-夹紧方案

（2）选择定位元件

① 选择带台阶面的定位销，作为 ϕ28H7 孔及其端面的定位元件，如图 2-2-23 所示。定位副配合取 $\phi28\dfrac{H7}{g6}$。

② 选择可调支承钉为 ϕ11 孔外缘毛坯一侧防转定位面的定位元件，如 2-2-23（a）所示。也可选择如图 2-2-23（b）所示移动 V 形块。考虑结构简单，现选用图 2-2-23（a）所示结构。

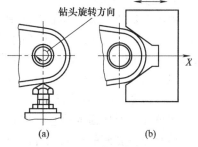

图 2-2-23　定位元件的选择

（3）定位误差计算

① 加工 ϕ10H9 孔时孔距尺寸（80±0.2）mm 的定位误差计算。

由于基准重合，故 $\Delta_B = 0$。

基准位移误差为定位孔（$\phi 28^{+0.021}_{\ 0}$ mm）与定位销（$\phi 28^{-0.007}_{-0.020}$ mm）的最大间隙，故

$$\Delta_Y = (0.021 + 0.007 + 0.013)\text{mm} = 0.041\text{mm}$$

$$\Delta_D = \Delta_B + \Delta_Y = (0 + 0.014)\text{mm} = 0.014\text{mm} < \frac{1}{3}\delta_K$$

由此可知此定位方案能满足尺寸（80±0.2）mm 的定位要求。

② 加工 ϕ10H9 孔时轴线平行度 0.3mm 的定位误差计算。

由于基准重合，故 $\Delta_B = 0$。

基准位移误差是定位孔 ϕ28H7 与定位面 K 间的垂直度误差，故

$$\Delta_Y = 0.03\text{mm}$$

$$\Delta_D = \Delta_B + \Delta_Y = (0 + 0.03)\text{mm} = 0.03\text{mm} < \frac{1}{3}\delta_K$$

此方案能满足平行度 0.3mm 的定位要求。

③ 加工 φ11 孔时孔距尺寸 (15±0.25)mm。

加工 φ11 孔时与加工 φ10H9 孔时相同

$$\Delta_B = 0$$

$$\Delta_Y = 0.014\text{mm}$$

$$\Delta_D = \Delta_B + \Delta_Y = (0 + 0.041)\text{mm} = 0.041\text{mm} < \frac{1}{3}\delta_K$$

此方案能满足孔距 (15±0.25)mm 的定位要求。

4. 确定夹紧方案

参考夹具资料，采用 M12 螺杆在 φ28H7 孔上端面夹紧工件。

5. 确定引导元件（钻套的类型及结构尺寸）

(1) 对 φ10H9 孔　为适应钻、铰选用快换钻套。

主要尺寸由《机床夹具零、部件》国家标准 GB/T 2263—80、GB/T 2265—80 选取。钻孔时钻套内径 $\phi 10^{+0.028}_{+0.013}$mm、外径 $\phi 15^{+0.012}_{+0.001}$mm；衬套内径 $\phi 15^{+0.034}_{+0.014}$mm、外径 $\phi 22^{+0.028}_{+0.015}$mm。钻套端面至加工面的距离取 8mm。

麻花钻选用 $\phi 9.8^{\ 0}_{-0.022}$mm。

(2) 对 φ11 孔　钻套采用快换钻套。钻孔时钻套内径 $\phi 10.8^{+0.034}_{+0.016}$mm、外径 $\phi 18^{+0.012}_{+0.001}$mm；衬套内径 $\phi 18^{+0.034}_{+0.016}$mm、外径 $\phi 26^{+0.028}_{+0.015}$mm；钻套端面至加工面间的距离取 12mm。

麻花钻选用 $\phi 10.8^{\ 0}_{-0.027}$mm。

各引导元件至定位元件间的位置尺寸分别为 (15±0.03)mm 和 (14±0.05)mm；各钻套轴线对基面的垂直度允差为 φ0.05mm。

6. 夹具精度分析与计算

由图 2-2-22 可知，所设计夹具需保证的加工要求有：尺寸 (15±0.25)mm；尺寸 (80±0.2)mm；尺寸 14mm 及 φ10H9 孔和 φ28H7 孔轴线间平行度允差 0.3mm 等四项。除尺寸 14mm，因精度要求较低不必进行验算外，其余三项精度分别验算如下。

(1) 尺寸 (80±0.2)mm 的精度校核

定位误差 Δ_D，由前已计算，已知 $\Delta_D = 0.041$mm。

定位元件对底面的垂直度误差 $\Delta_A = 0.03$mm。

钻套与衬套间的最大配合间隙 $\Delta_{T1} = 0.033$mm。

衬套孔的距离公差 $\Delta_{T2} = 0.1$mm。

麻花钻与钻套内孔的间隙 $X_2 = 0.050$mm。

衬套轴线对底面 (F) 的垂直度误差 $\Delta_{T3} = 0.05$mm，则

$$\sqrt{0.041^2 + 0.03^2 + 0.033^2 + 0.1^2 + 0.050^2 + 0.05^2} = 0.131(\text{mm}) < \frac{2}{3}\delta_K$$

因而该夹具能保证尺寸 (80±0.2)mm 的加工要求。

(2) 尺寸 (15±0.25)mm 的精度校核

$$\Delta_D = 0.041\text{mm}$$

$$\Delta_A = 0.03\text{mm}$$

$$\Delta_{T1} = 0.033\text{mm}$$

衬套孔与定位元件的距离误差 $\Delta_{T2} = 0.06$mm

麻花钻与钻套内孔的间隙 $X_2=0.061$ mm

$$\sqrt{0.041^2+0.03^2+0.033^2+0.06^2+0.061^2}=0.090(\text{mm})<\frac{2}{3}\delta_K$$

因而尺寸 (15 ± 0.25) mm 能够保证。

(3) $\phi10H9$ 轴线对 $\phi28H7$ 轴线的平行度 0.3mm 的精度校核

$$\Delta_D=0.03\text{mm}$$

$$\Delta_A=0.03\text{mm}$$

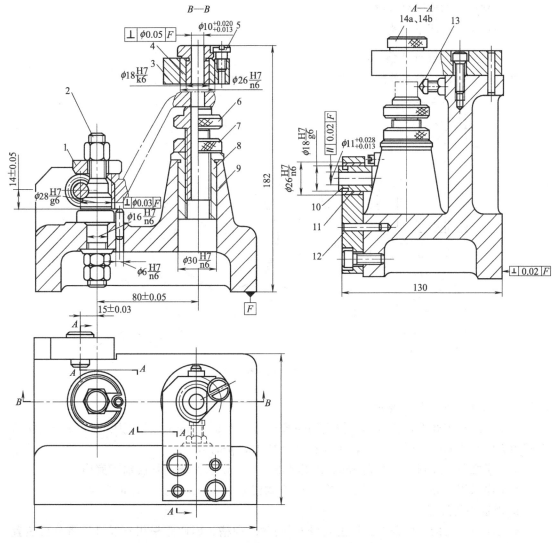

图 2-2-24 钻夹具总图

衬套对底面（F）的垂直度误差 $\Delta_T = 0.05$ mm

$$\sqrt{0.03^2 + 0.03^2 + 0.05^2} = 0.066 \text{(mm)} < \frac{2}{3}\delta_K$$

因此，此夹具能保证两孔轴线的平行度要求。

7. 绘制夹具总图

根据已完成的夹具结构草图，进一步修改结构，完善视图后，绘制正式夹具总装图，如图 2-2-24 所示。

8. 绘制夹具零件图样（略）

9. 编写设计说明书（略）

二、铣夹具的设计实例

图 2-2-25 为轴套类零件的零件图样。现需设计铣两槽 $5^{+0.2}_{0}$ mm 的铣夹具。

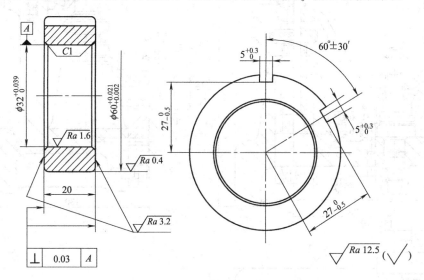

图 2-2-25　轴套类零件

1. 零件本工序的加工要求分析

本工序的加工要求，在实体上铣出两通槽，槽宽为 $5^{+0.2}_{0}$ mm、槽深为 $27^{0}_{-0.5}$ mm、两槽在圆周方向互成 $60°±30'$ 角度，表面粗糙度为 $Ra12.5\mu m$。

本工序之前，外圆 $\phi60^{+0.021}_{+0.002}$ mm、内孔 $\phi32^{+0.039}_{0}$ mm 及两端面均已加工完毕。

本工序采用 $\phi5$ mm 标准键槽铣刀在 X51 立式铣床上，一次装夹六件进行加工。

2. 确定夹具类型

本工序所加工的是两条在圆周上互成 $60°$ 角的纵向槽，因此宜采用直线进给带分度装置的铣夹具。

3. 拟定定位方案和选择定位元件

（1）定位方案

① 以 $\phi32^{+0.039}_{0}$ mm 内孔作为定位基准，再选孔端面为定位基准，限制工件五个自由度，如图 2-2-26（a）所示。

② 以 $\phi60^{+0.021}_{+0.002}$ mm 外圆为定位基准（以长 V 形块为定位元件），限制 4 个自由度，如图 2-2-26（b）所示。

方案②由于 V 形块的特性，所以较易保证槽的对称度要求，但对于实现多件夹紧和分度较困难。

方案①的不足之处是由于心轴与孔之间有间隙，不易保证槽的对称度，且有过定位现象。但本工序加工要求并不高，而工件孔和两端面垂直精度又较高，过定位现象影响不大。

经上述分析比较，确定采用方案①。

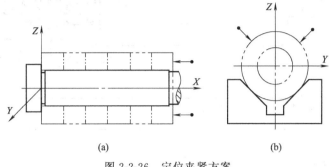

图 2-2-26 定位夹紧方案

(2) 选择定位元件　根据定位方式，采用带台阶的心轴。心轴安装工件部分的直径为 $\phi 32 g6 \left({}^{-0.009}_{-0.025} \right)$ mm，考虑同时安装 6 个工件，所以这部分长度取 112mm；由于分度精度不高，为简化结构，在心轴上作出六方头，其相对两面间的距离尺寸取 $28g6 \left({}^{-0.007}_{-0.02} \right)$ mm，与固定在支座上的卡块槽 $28H7 \left({}^{+0.021}_{0} \right)$ mm 相配合；加工完毕一个槽后，松开并取下心轴，转过相邻的一面再嵌入卡块槽内即实现分度。心轴通过两端 $\phi 25H6$ mm 圆柱部分安装在支座的 V 形槽上，并通过 M16 螺栓钩形压板及锥面压紧，压紧力的方向与心轴轴线成 45°角。

(3) 定位误差计算　工序尺寸 $27_{-0.5}^{0}$ mm 定位误差分析如下。

由于基准重合所以 $\Delta_B = 0$。

由于定位孔与心轴为任意边接触

$$\Delta_Y = \delta_D + \delta_d + X_{\min} = (0.039 + 0.016 + 0.009) \text{mm} = 0.064 \text{mm}$$

故

$$\Delta_D = \Delta_B + \Delta_Y = (0 + 0.064) \text{mm} = 0.064 \text{mm} < \frac{1}{3} \delta_K$$

因此定位精度足够。

由于加工要求不高，其他精度可不必计算。

4. 确定夹紧方案

根据图 2-2-26 所示心轴结构，用 M30 螺母把工件轴向夹紧在心轴上。心轴的具体结构如图 2-2-27 所示。

5. 确定对刀装置

① 根据加工要求，采用 GB/T 2242—80 直角对刀块；塞尺根据 GB/T 2244—80，基本尺寸及偏差为 $2_{-0.014}^{0}$ mm。

② 计算对刀尺寸 H 和 B，如图 2-2-28 所示。

计算时应把尺寸化为双向对称偏差，即

$$27_{-0.5}^{0} \text{mm} = (26.75 \pm 0.25) \text{mm}$$

$$5_{0}^{+0.3} \text{mm} = (5.15 \pm 0.15) \text{mm}$$

$$H = (26.75 - 2) \text{mm} = 24.75 \text{mm}$$

公差取工件相应公差的 1/3，即 $1/3 \times 0.5 \approx 0.16$ (mm)，故

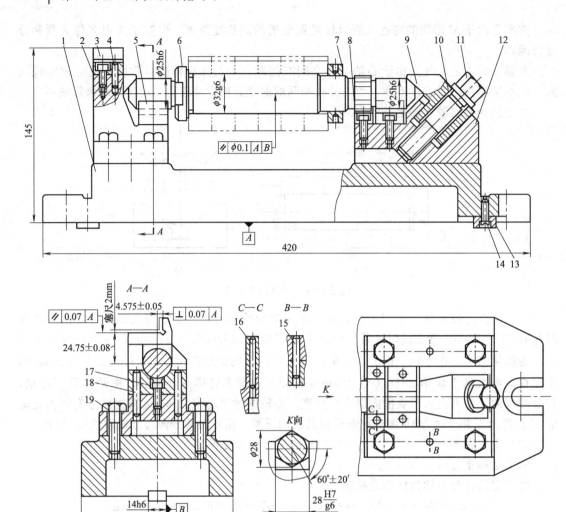

图 2-2-27 铣夹具总装图

$$H = (24.75 \pm 0.08) \text{mm}$$
$$B = \left(5.15 \times \frac{1}{2} + 2\right) \text{mm} = 4.575 \text{mm}$$

其公差取为 $(1/3 \times 0.3)\text{mm} = 0.1\text{mm}$

故 $\qquad B = (4.575 \pm 0.05)\text{mm}$

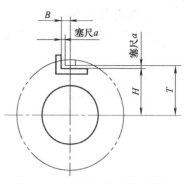

图 2-2-28 对刀块位置尺寸计算

6. 夹具精度分析和计算

本夹具总图上与工件加工精度直接有关的技术要求如下。

① 定位心轴表面尺寸 $\phi 32 g6$；

② 定位件与对刀件间的位置尺寸 (24.75 ± 0.08) mm，(4.575 ± 0.05) mm；

③ 定位心轴安装表面尺寸 $\phi 25 h6$；

④ 对刀塞尺厚度尺寸 $2_{-0.014}^{0}$ mm；

⑤ 分度角度 $60° \pm 10'$；

⑥ 定位心轴轴线与夹具安装面、定位键侧平面间的平行度公差为 0.1 mm；

⑦ 分度装置工作表面对定位表面的对称度公差为 0.07 mm；

⑧ 分度装置工作表面对夹具安装面垂直度公差为 0.07 mm；

⑨ 对刀装置工作表面对夹具安装面的平行度和垂直度公差为 0.07 mm。

(1) 尺寸 $27_{-0.5}^{0}$ mm 的精度分析

$\Delta_D = 0.064$ mm（定位误差前已计算）。

$\Delta_T = 0.16$ mm（定位件至对刀块间的尺寸公差）。

$\Delta_A = \left(\dfrac{0.1}{233} \times 20\right)\text{mm} = 0.0086\text{mm}$（定位心轴轴线与夹具底面平行度公差对工件尺寸的影响），则

$$\sqrt{\Delta_D^2 + \Delta_T^2 + \Delta_A^2} = \sqrt{0.064^2 + 0.16^2 + 0.0086^2}\,\text{mm} = 0.172\text{mm} < \frac{2}{3}\delta_K$$

故此夹具能保证 $27_{-0.5}^{0}$ mm 尺寸。

(2) 对 $60° \pm 30'$ 的精度分析

分度装置的转角误差可按下式计算

$$\Delta_\alpha = \left[\Delta_{\alpha 1} + \frac{412.6(X_1 + X_2 + X_3 + e)}{d}\right]''$$

式中 $\Delta_{\alpha 1}$——分度盘误差，本结构为 $\Delta_{\alpha 1} = 20' = 1200''$；

d——分度盘直径，本例 $d = 28$ mm；

X_1——对定销与分度盘衬套孔最大配合间隙，本例为 $28\dfrac{\text{h}7}{\text{g}6}$，故 $X_1 = 41\mu\text{m}$；

X_2——对定销与导向孔最大配合间隙，本例 $X_2 = 0$；

X_3——回转轴与分度盘配合间隙，本例为 $X_3 = 0$；

e——分度盘衬套内外圆同轴度，本例为 $e = 7 \mu\text{m}$。

把上述数据代入上式得

$$\Delta_\alpha = \left[1200 + \frac{412.6(41 + 7)}{28}\right]'' = 1907.3'' = 31.8' < \frac{2}{3}\delta_K$$

故此分度装置能满足加工精度要求。

7. 绘制夹具总图

图 2-2-27 所示为本夹具的总装图样。

8. 绘制夹具零件图样

从略。

9. 编写设计说明书。

从略。

附 录

附录一 机械制造部分工艺参数

附表 1-1 模锻件内、外表面加工余量 mm

锻件质量/kg		一般加工精度 F_1	磨削加工精度 F_2	锻件形状复杂系数 S_1 S_3	厚度（直径）方向	锻件单边余量						
						水平方向						
					大于	0	315	400	630	800	1250	1600
大于	至				至	315	400	630	800	1250	1600	2500
0	0.4				1.0~1.5	1.0~1.5	1.5~2.0	2.0~2.5				
0.4	1.0				1.5~2.0	1.5~2.0	1.5~2.0	2.0~2.5	2.0~3.0			
1.0	1.8				1.5~2.0	1.5~2.0	1.5~2.5	2.0~2.7	2.0~3.0			
1.8	3.2				1.7~2.0	1.7~2.2	2.0~2.5	2.0~2.7	2.0~3.0	2.5~3.5		
3.2	5.0				1.7~2.2	1.7~2.2	2.0~2.5	2.0~2.7	2.5~3.5	2.5~4.0		
5.0	10.0				2.0~2.5	2.0~2.5	2.0~2.5	2.3~3.0	2.5~3.5	2.7~4.0	3.0~4.5	
10.0	20.0				2.0~2.5	2.0~2.5	2.0~2.7	2.3~3.0	2.5~3.5	2.7~4.0	3.0~4.5	
20.0	50.0				2.3~3.0	2.0~3.0	2.5~3.0	2.5~3.5	2.7~4.0	3.0~4.5	3.5~4.5	
50.0	150.0				2.5~3.2	2.5~3.5	2.5~3.5	2.7~3.5	2.7~4.0	3.0~4.5	3.5~4.5	4.0~5.5
150.0	250.0				3.0~4.0	2.5~3.5	2.5~4.0	2.7~4.0	3.0~4.5	3.5~5.0	4.0~5.5	
					3.5~4.5	2.7~3.5	2.7~3.5	3.0~4.0	3.0~4.5	3.5~5.0	4.0~5.0	4.5~6.0
					4.0~5.5	2.7~4.0	3.0~4.0	3.0~4.5	3.5~4.5	3.5~5.0	4.0~5.5	4.5~6.0

注：本表适用于在热模锻压力机、模锻锤、平锻机及螺旋压力机上生产的模锻件。

例：锻件质量为 3kg，在 1600t 热模锻压力机上生产，零件无磨削精加工工序，锻件复杂系数 S_3，长度为 480mm 时，查出该零件余量厚度方向为 1.7~2.2mm，水平方向为 2.0~2.7mm。

附表 1-2 模锻件的长度、宽度、高度偏差及错差、残留飞边量（普通级） mm

同轴度错差		横向残留飞边	分模线		锻件质量/kg		锻件材质系数 M_1 M_2	锻件形状复杂系数 S_1 S_2 S_3 S_4	锻件轮廓尺寸								
			不对称	平直对称					大于	0	30	80	120	180	315	500	800	1250
					大于	至			至	30	80	120	180	315	500	800	1250	2500
									偏 差								
0.4	0.5				0	0.4			+0.8 −0.3	+0.8 −0.4	+1.0 −0.4	+1.1 −0.5	+1.2 −0.6	+1.4 −0.6	+1.5 −0.7	+1.7 −0.8	+1.9 −0.9
0.5	0.6				0.4	1.0			+0.8 −0.4	+1.0 −0.4	+1.1 −0.5	+1.2 −0.6	+1.4 −0.7	+1.5 −0.7	+1.7 −0.8	+1.9 −0.9	+2.1 −1.1
0.6	0.7				1.0	1.8			+1.0 −0.4	+1.1 −0.5	+1.2 −0.6	+1.4 −0.6	+1.5 −0.7	+1.7 −0.8	+1.9 −0.9	+2.1 −1.1	+2.4 −1.2
0.8	0.8				1.8	3.2			+1.1 −0.6	+1.2 −0.6	+1.4 −0.6	+1.6 −0.7	+1.7 −0.8	+1.9 −0.9	+2.1 −1.1	+2.4 −1.2	+2.7 −1.3
1.0	1.0				3.2	5.0			+1.2 −0.7	+1.4 −0.6	+1.5 −0.7	+1.7 −0.8	+1.9 −0.9	+2.1 −1.1	+2.4 −1.2	+2.7 −1.3	+3.0 −1.5
1.2	1.2				5.0	10			+1.4 −0.6	+1.5 −0.7	+1.7 −0.8	+1.9 −0.9	+2.1 −1.1	+2.4 −1.2	+2.7 −1.3	+3.0 −1.5	+3.3 −1.7
1.4	1.4				10	20			+1.5 −0.7	+1.7 −0.8	+1.9 −0.9	+2.1 −1.1	+2.4 −1.2	+2.7 −1.3	+3.0 −1.5	+3.3 −1.7	+3.8 −1.8
1.6	1.7				20	50			+1.7 −0.8	+1.9 −0.9	+2.1 −1.1	+2.4 −1.2	+2.7 −1.3	+3.0 −1.5	+3.3 −1.7	+3.8 −1.8	+4.2 −2.1
1.8	2.0				50	120			+1.9 −0.9	+2.1 −1.1	+2.4 −1.2	+2.7 −1.3	+3.0 −1.5	+3.3 −1.7	+3.8 −1.8	+4.2 −2.1	+4.7 −2.3
2.0	2.4				120	250			+2.1 −1.1	+2.4 −1.2	+2.7 −1.3	+3.0 −1.5	+3.3 −1.7	+3.8 −1.8	+4.2 −2.1	+4.7 −2.3	+5.3 −2.7
2.4	2.8								+2.4 −1.2	+2.7 −1.3	+3.0 −1.5	+3.3 −1.5	+3.8 −1.8	+4.2 −2.1	+4.7 −2.3	+5.3 −2.7	+6.0 −3.0
									+2.7 −1.3	+3.0 −1.5	+3.3 −1.7	+3.8 −1.8	+4.2 −2.1	+4.7 −2.3	+5.3 −2.7	+6.0 −3.0	+6.5 −3.5
									+3.0 −1.5	+3.3 −1.7	+3.8 −1.8	+4.2 −2.1	+4.7 −2.3	+5.3 −2.7	+6.0 −3.0	+6.5 −3.5	+7.5 −3.5
									+3.3 −1.7	+3.8 −1.8	+4.2 −2.1	+4.7 −2.3	+5.3 −2.7	+6.0 −3.0	+6.5 −3.5	+7.5 −3.5	+8.0 −4.0
									+4.2 −2.1	+4.7 −2.3	+5.3 −2.7	+6.0 −3.0	+6.5 −3.5	+7.5 −3.5	+8.0 −4.0		
									+4.7 −2.3	+5.3 −2.7	+6.0 −3.0	+6.5 −3.5	+7.5 −3.5	+8.0 −4.0	+9.0 −4.0		

附表 1-3　模锻件的厚度偏差及顶料杆压痕偏差（普通级）　　mm

顶料杆压痕	锻件质量/kg 大于	锻件质量/kg 至	锻件材质系数 M_1 M_2	锻件形状复杂系数 S_1 S_2 S_3 S_4	锻件厚度尺寸 大于	0	18	30	50	80	120	180
					至	18	30	50	80	120	180	315
					偏差							
−0.8/+0.3	0	0.4				+0.5/−0.1	+0.6/−0.2	+0.7/−0.2	+0.8/−0.2	+0.9/−0.3	+1.0/−0.4	+1.2/−0.4
−0.8/+0.4	0.4	1.0				+0.6/−0.2	+0.7/−0.2	+0.8/−0.2	+0.9/−0.3	+1.0/−0.4	+1.2/−0.4	+1.4/−0.4
−1.0/+0.5	1.0	1.8				+0.7/−0.2	+0.8/−0.2	+0.9/−0.3	+1.0/−0.4	+1.2/−0.4	+1.4/−0.4	+1.5/−0.5
−1.2/+0.6	1.8	3.2				+0.8/−0.2	+0.9/−0.3	+1.0/−0.4	+1.2/−0.4	+1.4/−0.4	+1.5/−0.5	+1.7/−0.5
−1.6/+0.8	3.2	5.0				+0.9/−0.3	+1.0/−0.4	+1.2/−0.4	+1.4/−0.4	+1.5/−0.5	+1.7/−0.5	+2.0/−0.5
−1.8/+1.0	5.0	10				+1.0/−0.4	+1.2/−0.4	+1.4/−0.5	+1.5/−0.5	+1.7/−0.5	+2.0/−0.5	+2.1/−0.7
−2.2/+1.2	10	20				+1.2/−0.4	+1.4/−0.4	+1.5/−0.5	+1.7/−0.5	+2.0/−0.5	+2.1/−0.7	+2.4/−0.8
−2.8/+1.5	20	50				+1.4/−0.4	+1.5/−0.5	+1.7/−0.5	+2.0/−0.5	+2.1/−0.7	+2.4/−0.8	+2.7/−0.9
−3.5/+2.0	50	120				+1.5/−0.5	+1.7/−0.5	+2.0/−0.5	+2.1/−0.7	+2.4/−0.8	+2.7/−0.9	+3.0/−1.0
−4.5/+2.5	120	250				+1.7/−0.5	+2.0/−0.5	+2.1/−0.7	+2.4/−0.8	+2.7/−0.9	+3.0/−1.0	+3.4/−1.1
						+2.0/−0.5	+2.1/−0.7	+2.4/−0.8	+2.7/−0.9	+3.0/−1.0	+3.4/−1.1	+3.8/−1.2
						+2.1/−0.7	+2.4/−0.8	+2.7/−0.9	+3.0/−1.0	+3.4/−1.1	+3.8/−1.2	+4.2/−1.4
						+2.4/−0.8	+2.7/−0.9	+3.0/−1.0	+3.4/−1.1	+3.8/−1.2	+4.2/−1.4	+4.8/−1.5
						+2.7/−0.9	+3.0/−1.0	+3.4/−1.1	+3.8/−1.2	+4.2/−1.4	+4.8/−1.5	+5.3/−1.7
						+3.0/−1.0	+3.4/−1.1	+3.8/−1.2	+4.2/−1.4	+4.8/−1.5	+5.3/−1.7	+6.0/−2.0
						+3.4/−1.1	+3.8/−1.2	+4.2/−1.4	+4.8/−1.5	+5.3/−1.7	+6.0/−2.0	

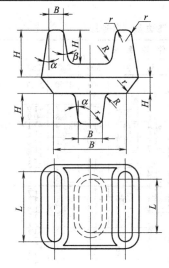

附表 1-4　锤上锻件外拔模角 α 的数值

L/B	α	H/B				
		≤1	>1~3	>3~4.5	>4.5~6.5	>6.5
≤1.5	α	5°	7°	10°	12°	15°
>1.5		5°	5°	7°	10°	12°

注：1. 内拔模角 β 可按表中数值加大 2° 或 3°。
　　2. 在热模锻压力机和螺旋压力机上使用预料机构时，拔模角可比表中数值减少 2° 或 3°。

附表 1-5　常用夹具元件的公差配合

元件名称	部位及配合	备注
衬套	外径与本体 $\dfrac{H7}{r6}$ 或 $\dfrac{H7}{n6}$	
	内径 F7 或 F8	

续表

元件名称	部位及配合		备注
固定钻套	外径与钻模板 $\frac{H7}{r6}$ 或 $\frac{H7}{n6}$		
	内径 G7 或 F8		基本尺寸是刀具的最大尺寸
可换钻套 快换钻套	外径与衬套 $\frac{H7}{m6}$ 或 $\frac{H7}{k6}$		
	内径	钻孔及扩孔时 F8	基本尺寸是刀具的最大尺寸
		粗铰孔时 G7	
		精铰孔时 G6	
镗套	外径与衬套 $\frac{H6}{h5}\left(\frac{H6}{j5}\right),\frac{H7}{h6}\left(\frac{H7}{js6}\right)$		滑动式回转镗套
	内径与镗套 $\frac{H6}{g5}\left(\frac{H6}{h5}\right),\frac{H7}{g6}\left(\frac{H7}{h6}\right)$		滑动式回转镗套
支承钉	与夹具体配合 $\frac{H7}{r6},\frac{H7}{h6}$		
定位销	与工件定位基面配合 $\frac{H7}{g6},\frac{H7}{f7}$ 或 $\frac{H6}{g5},\frac{H6}{f6}$		
	与夹具体配合 $\frac{H7}{r6},\frac{H7}{h6}$		
可换定位销	与衬套配合 $\frac{H7}{h6}$		
钻模板铰链轴	轴与孔配合 $\frac{G7}{h6},\frac{F8}{h6}$		

附表 1-6 麻花钻的直径公差 mm

钻头直径 D	上偏差	下偏差	钻头直径 D	上偏差	下偏差
>3~6	0	−0.018	>18~30	0	−0.033
>6~10	0	−0.022	>30~50	0	−0.039
>10~18	0	−0.027	>50~80	0	−0.046

附表 1-7 扩孔钻的直径公差 mm

钻头直径 D	上偏差	下偏差	钻头直径 D	上偏差	下偏差
>3~6	0	−0.018	>18~30	0	−0.033
>6~10	0	−0.022	>30~50	0	−0.039
>10~18	0	−0.027	>50~80	0	−0.046

附表 1-8 铰刀的直径公差 mm

铰刀直径 D	H7		H8		H9	
	上偏差	下偏差	上偏差	下偏差	上偏差	下偏差
>1~3	+0.008	+0.004	+0.011	+0.006	+0.021	+0.012
>3~6	+0.010	+0.005	+0.015	+0.008	+0.025	+0.014
>6~10	+0.012	+0.006	+0.018	+0.010	+0.030	+0.017
>10~18	+0.015	+0.008	+0.022	+0.012	+0.036	+0.020
>18~30	+0.017	+0.009	+0.028	+0.016	+0.044	+0.025
>30~50	+0.021	+0.012	+0.033	+0.019	+0.052	+0.030
>50~80	+0.025	+0.014	+0.039	+0.022	+0.062	+0.036

附表 1-9 座耳主要尺寸　　mm

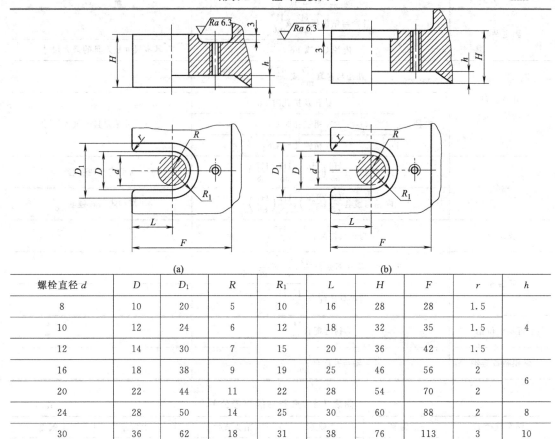

螺栓直径 d	D	D_1	R	R_1	L	H	F	r	h
8	10	20	5	10	16	28	28	1.5	
10	12	24	6	12	18	32	35	1.5	4
12	14	30	7	15	20	36	42	1.5	
16	18	38	9	19	25	46	56	2	
20	22	44	11	22	28	54	70	2	6
24	28	50	14	25	30	60	88	2	8
30	36	62	18	31	38	76	113	3	10

附表 1-10 T形槽主要尺寸　　mm

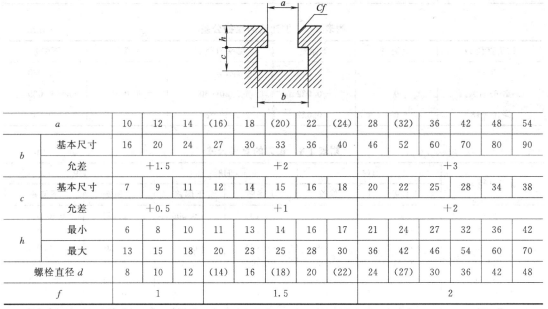

a		10	12	14	(16)	18	(20)	22	(24)	28	(32)	36	42	48	54
b	基本尺寸	16	20	24	27	30	33	36	40	46	52	60	70	80	90
	允差	+1.5			+2					+3					
c	基本尺寸	7	9	11	12	14	15	16	18	20	22	25	28	34	38
	允差	+0.5			+1					+2					
h	最小	6	8	10	11	13	14	16	17	21	24	27	32	36	42
	最大	13	15	18	20	23	25	28	30	36	42	46	54	60	70
螺栓直径 d		8	10	12	(14)	16	(18)	20	(22)	24	(27)	30	36	42	48
f		1			1.5					2					

注：a 的尺寸公差根据用途按 H7、H8（或 H9）、H11 或未注公差尺寸公差选取。

附录一 机械制造部分工艺参数

附表 1-11 铣床工作台及 T 形槽尺寸 mm

型号	B	B_1	l	m	L	L_1	E	m_1	m_2	a	b	h	c
X50	200	135	45	10	870	715	70	25	40	14	25	11	12
X51	250	170	50	10	1000	815	95		45	14	24	11	12
X5625A	250		50		1120					14	24	11	14
X5028	280		60		1120					14	24	11	18
X5630	300	222	60		1120	900		40	40	14	24	11	16
X52	320	255	70	15	1325	1130	75	25	50	18	32	14	18
X52K	320	255	70	17	1250	1130	75	25	45	18	30	14	18
X53	400	285	90	15	1700	1480	100	30	50	18	32	14	18
X53K	400	290	90	12	1600	1475	110	30	45	18	30	14	18
X53T	425									18	30	14	18
X60	200	140	45	10	870	710	75	30	40	14	25	11	14
X61	250	175	50	10	1000	815	95	50	60	14	25	11	14
X6030	300	222	60		1120	500		40	40	14	24	11	16
X62	320	220	70	16	1250	1055	75	25	50	18	30	14	18
X63	400	290	90	15	1600	1385	100	30	40	18	30	14	18
X60W	200	140	45	10	870	710	75	30	40	14	23	11	12
X61W	250	175	50	10	1000	815	95	50	60	14	25	11	14
X6130	300	222	60	11	1120	900		40	40	14	24	11	16
X62W	320	220	70	16	1250	1055	75	25	50	18	30	14	18
X63W	400	290	90	15	1600	1385	100	30	40	18	30	11	18

附表 1-12 车床过渡盘结构和尺寸之一 mm

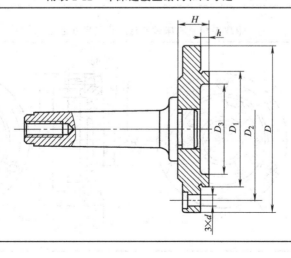

续表

D	D_1(K7)	D_2	D_3	d	H	h 基本尺寸	允差
80	55	66	45	7	22	3	−6.1
100	72	84(86)	60				
125	95	108	80	9	24	3.5	−0.2
130	100	115					

附表 1-13 车床过渡盘结构和尺寸之二 mm

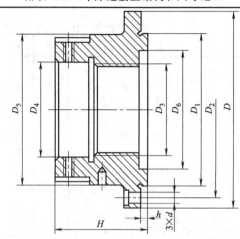

D	D_1(K7)	D_2	D_3	D_4(H6)	D_5	D_6	d	H	h 基本尺寸	允差
80	55	66	M33	35	50	45	7	36	3	−0.1
100	72	84(86)	M39	40	60	60		40		
125	95	108	M45	48	70	80	9	45	3.5	
130	100	112	M45	48	70	80		45		
160	130	142	M52	55	80	100		50		
200	165	180	M68	70	100	140	11	63	5	−0.2
250	210	226	M68	70	110	180	13	64		
315(320)	270	290	M90	92	130	240		81		
400	340	368	M120	125	170	310	17	104		
500	440	465	M135	140	190	410		117	0	
630	560	595	M150	155	210	520		133		

附表 1-14 车床过渡盘结构和尺寸之三 mm

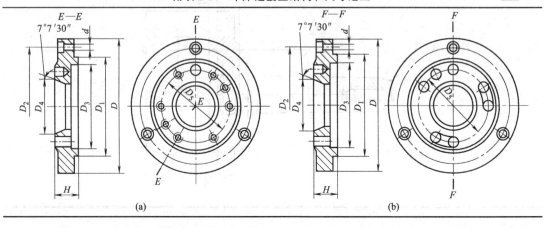

续表

D	D_1(K7)	D_2	D_3	D_4 基本尺寸	D_4 偏差	D_5	d	H 不小于
160[图(a)]	130	142	110	53.975	+0.003 −0.005	75	9	22
200	165	180	140	63.513		85[图(a)] / 82.6[图(b)]	11	25
250	210	226	180	82.563	+0.004 −0.006	108	13	28
315 320[图(a)]	270	290	240	106.375		160		32
400 320[图(b)]	340	368	310	139.719	+0.004 −0.008	172	17	36
500	440	465	410	196.869	+0.004 −0.010	234.96		40

附表 1-15　车床主轴端部结构和尺寸

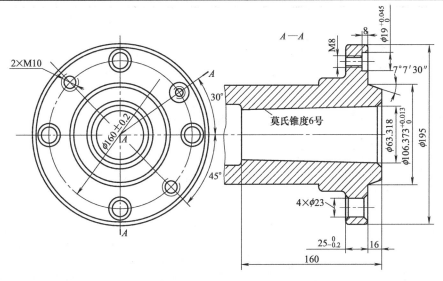

CA6140、CA6240、CA6250主轴尺寸

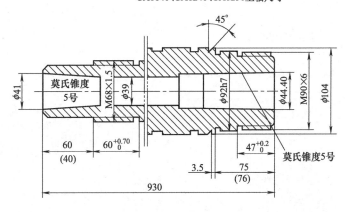

C620-1、C620-3主轴尺寸

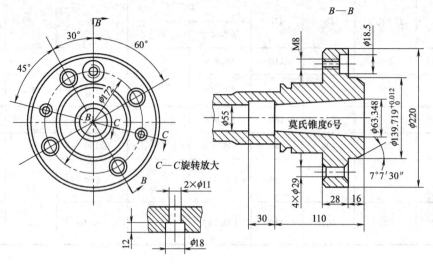

C6150主轴尺寸

附录二 课程设计参考图例

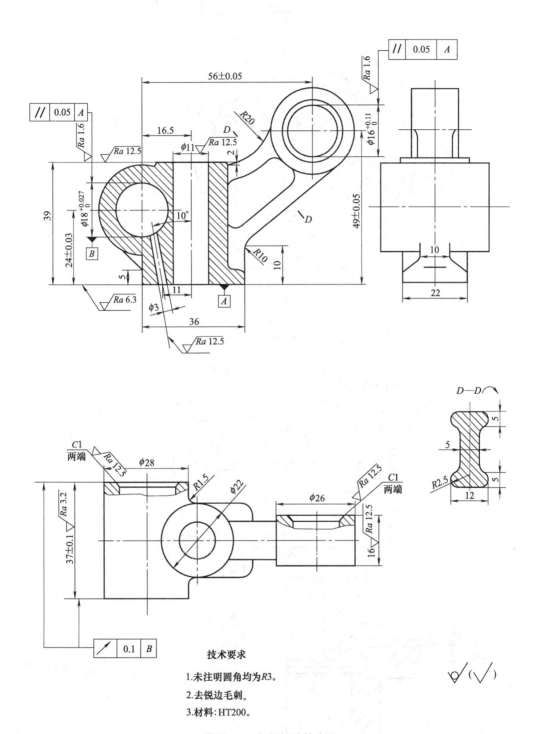

技术要求
1. 未注明圆角均为R3。
2. 去锐边毛刺。
3. 材料：HT200。

附图 2-1 气门摇臂轴支座

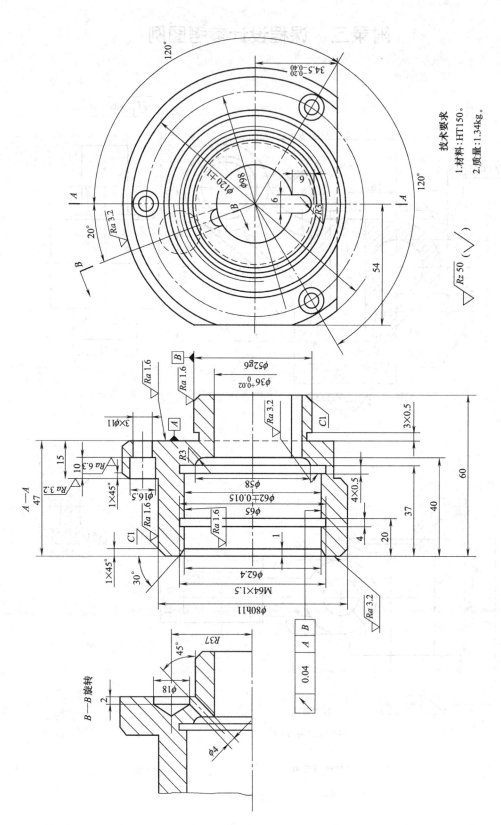

附图 2-2 法兰盘

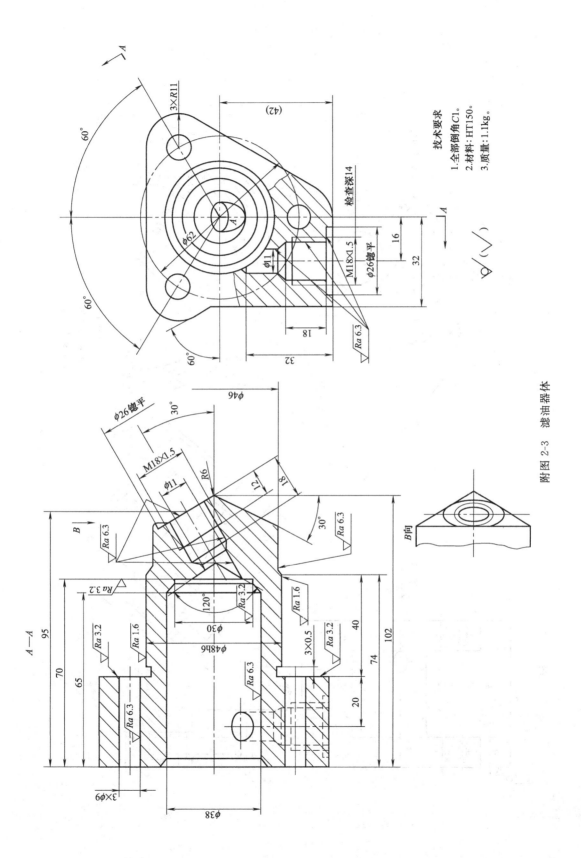

附图 2-3 滤油器体

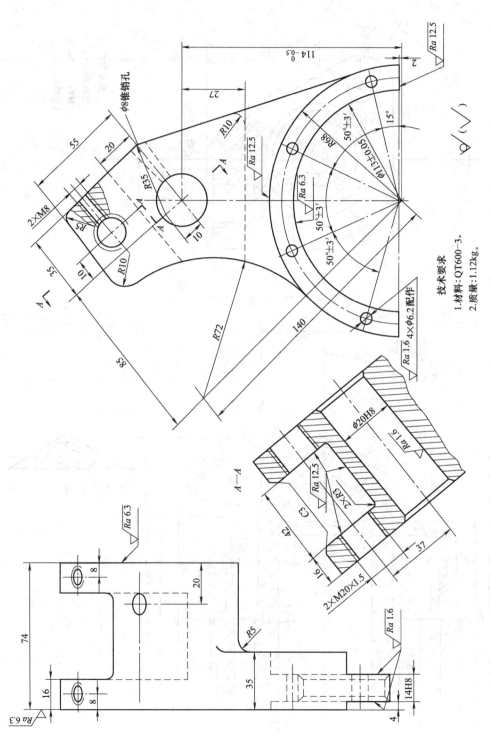

附图 2-4 拨叉

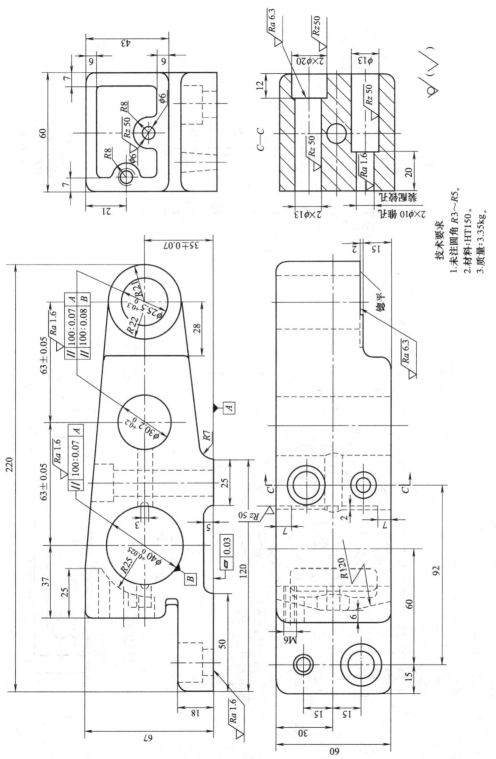

附图 2-5 后托架

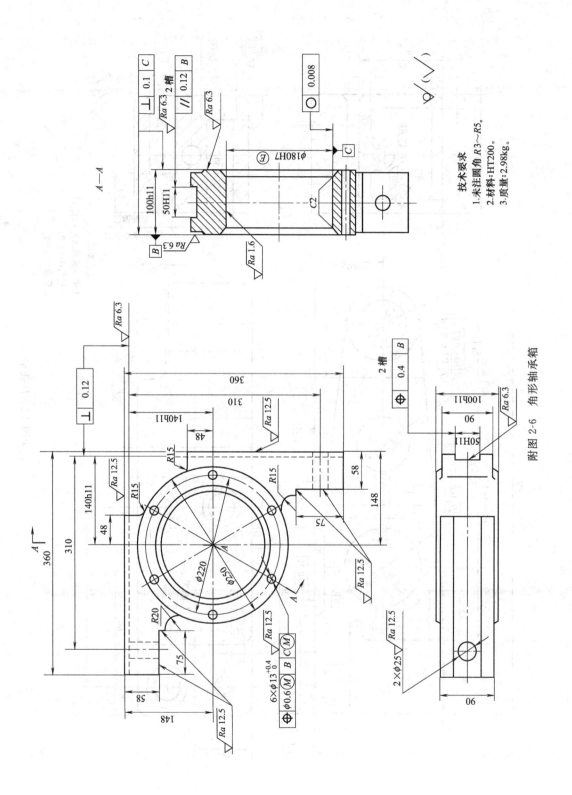

附图 2-6 角形轴承箱

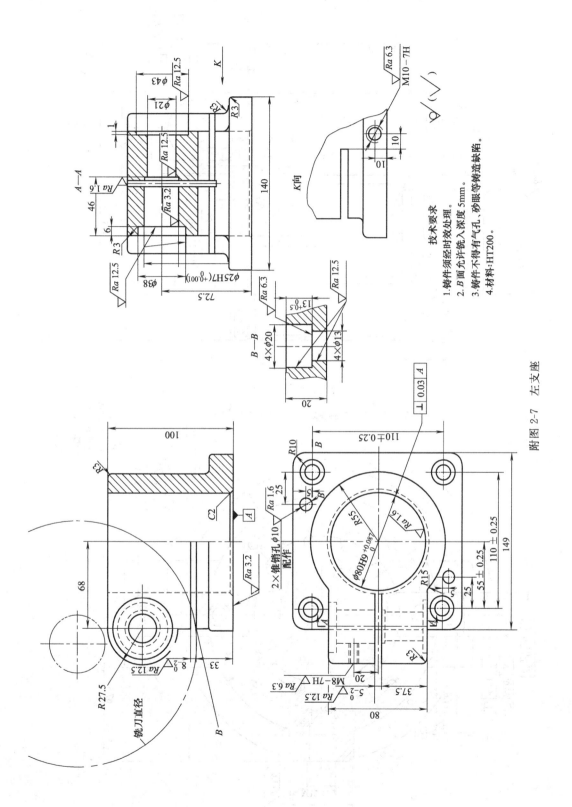

附图 2-7 左支座

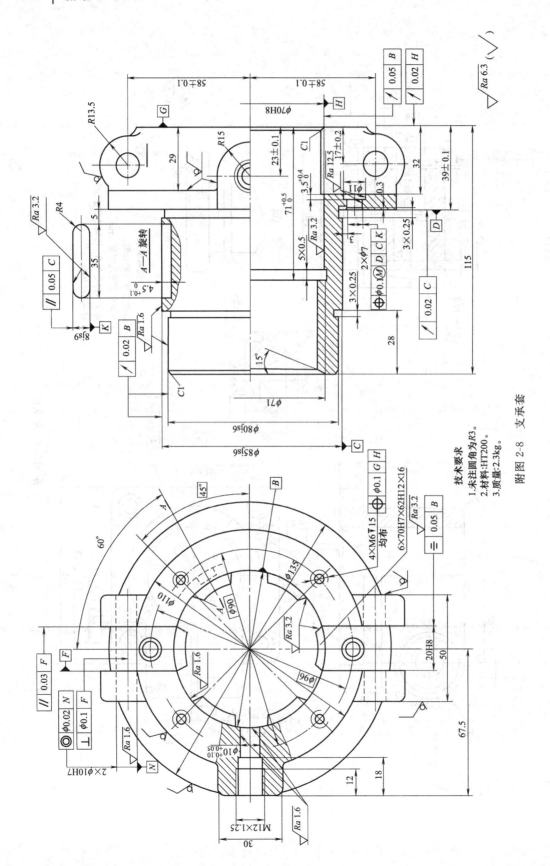

附图 2-8 支承套

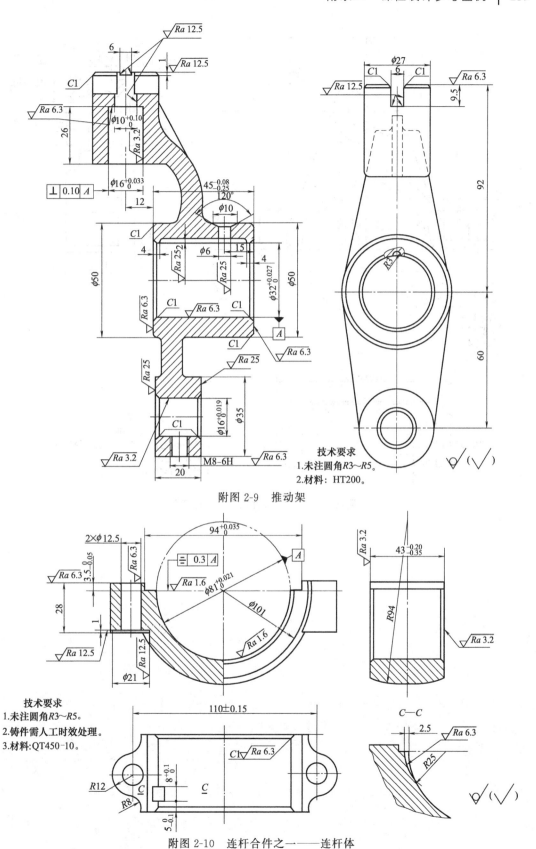

附图 2-9 推动架

附图 2-10 连杆合件之——连杆体

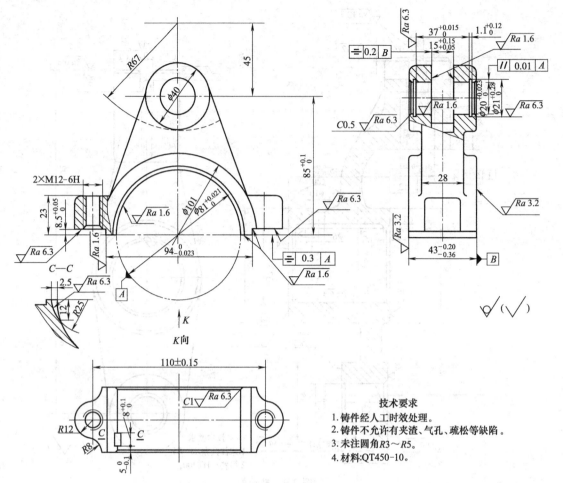

附图 2-11 连杆合件之二——连杆盖

参 考 文 献

[1] 刘丽媛主编. 机械制造工艺及专用夹具设计指导. 北京：冶金工业出版社，2010.
[2] 张龙勋主编. 机械制造工艺学课程设计指导书及习题. 北京：机械工业出版社，2008.
[3] 杨叔子主编. 机械加工工艺师手册. 北京：机械工业出版社，2011.
[4] 赵如福主编. 金属机械加工工艺人员手册. 上海：上海科学技术出版社，2006.
[5] 倪森寿主编. 机械制造工艺与装备. 第3版. 北京：化学工业出版社，2014.